磁 生命 健康

商　澎　方志财　主编

科学普及出版社

·北　京·

图书在版编目（CIP）数据

磁 生命 健康 / 商澎，方志财主编 . —北京：
科学普及出版社，2020.11（2021.8 重印）

ISBN 978-7-110-10179-7

Ⅰ.①磁… Ⅱ.①商… ②方… Ⅲ.①电磁学—普及
读物 Ⅳ.① O441.4-49

中国版本图书馆 CIP 数据核字（2020）第 193614 号

策划编辑	符晓静　王晓平
责任编辑	符晓静　王晓平
封面设计	林瑛玥　中科星河
正文设计	中文天地
责任校对	焦　宁
责任印制	徐　飞

出　　版	科学普及出版社
发　　行	中国科学技术出版社有限公司发行部
地　　址	北京市海淀区中关村南大街 16 号
邮　　编	100081
发行电话	010-62173865
传　　真	010-62173081
网　　址	http://www.cspbooks.com.cn

开　　本	880mm×1230mm　1/32
字　　数	140 千字
印　　张	5.875
版　　次	2020 年 11 月第 1 版
印　　次	2021 年 8 月第 2 次印刷
印　　刷	北京博海升彩色印刷有限公司
书　　号	ISBN 978-7-110-10179-7 / O·196
定　　价	39.00 元

小磁是一名勤学好问的小学生。他在大自然中认识了磁。慢慢地，他在日常生活、科技产品和健康医疗等各个领域也接触到了磁，对磁产生了浓厚的兴趣。他总是喜欢向磁博士请教关于磁的问题，在此过程中了解了许多磁的知识。小磁立志成为像磁博士一样博学多才的科学家。

磁博士是一位在磁科学与技术（以下简称磁科技）领域具有很深造诣和卓越建树的科学家。他的研究成果为磁科技在健康和医疗保健方面的应用提供了科学依据。他德高望重、和蔼可亲又童心未泯，总是在小磁对磁相关问题感到困惑时，与他一起探讨、交流，为他答疑解惑。

序 言

Foreword

磁性是自然界物质固有的特性之一。自然界的物质大到各种天体，小到原子；从无机分子水到有机分子蛋白质；从无生命的矿石到有生命的生物体，都在不同尺度和层次上具有磁性。

磁学是物理学的重要分支之一，是研究物质磁性、磁场、磁现象、磁材料、磁效应的学科。生物体包括人类、动物、植物和微生物，是由物质构成、具有新陈代谢活动的个体。生物体本身具有磁性，生命活动过程也伴随着磁性的变化。

自从人类发现自然界磁现象开始，磁学经历了 2000 多年的发展：从古代朴素的描述和简单的使用，到现代科学体系的建立、磁科技在生活中和大科学工程项目中的广泛应用。特别是 19 世纪 20 年代以来，在磁科学的建立和磁科技的应用发展进程中，有众多的科学巨匠奠基铺路，新技术不断涌现。第二次工业革命以来，它开始融入工业和人类生活的方方面面，改变人类对自然的认知以及生活的方式。20 世纪的磁学成就更加辉煌，该领域不断涌现诺贝尔奖获得者。磁科技不仅仅停留在科学层面上，在生命科学和健康医疗的研究和应用领域的作用也是极其巨大的。例如，核磁共振波谱法被应用于生物大分子的结构分析、核磁共振成像技术被应用于医疗诊断等。

"科教兴国"、提高公民的科学文化素养是弘扬科学精神、传播科学思想、建设创新型国家的基础。科学普及工作是全社会的共同责任，更是科技工作者义不容辞的任务。很高兴看到《磁 生命 健康》这本科普读物面世。希望本书作者能够立足磁科技的科学本源以及读者所关心的自然界、日常生产和生活中的，特别是与生命健康相关的、有趣的磁现象和磁科技问题，用科普语言和磁科学的基本概念予以讲述，起到科学普及的作用。

中国科学院院士
南京大学教授

前 言

　　磁性是物质的本质特性之一。从宇宙到地球，从自然界到人体，从宏观物体到微观粒子，磁性无处不在。

　　地球本身就是一个超大的磁体。如果说地球是生命之母，那么地球的磁场就是母亲手中的保护伞。因为它屏蔽了来自太阳和宇宙的各种高能粒子辐射，保护地球上的一切生命体得以繁衍生息。因此，地球磁场就像阳光、水和空气一样，是生命生存和发展不可缺少的重要条件。它无处不在、时时刻刻、默默无闻地影响着地球的生命活动。

　　人类对于磁的认识和应用的历史源远流长。在磁科技的发展史上，众多的科学巨匠用科学手段不断地揭开磁的神秘面纱，发现磁科技的基本规律，发明出多种与磁相关的技术，使人类从"敬畏磁"到"认识磁"，进而"利用磁"改变人类的生活和生产方式。直到今天，磁科技仍然在不断发展，创新成果层出不穷。

　　中国是世界上最早发现磁现象和磁性物质的国家。中国的稀土资源储备量世界第一，稀土的研究和应用走在世界前列，超导材料研究与应用也处于世界领先水平。基于稀土永磁材料和超导材料的磁学研究以及技术，已成功地被应用于工业、农业和国防领域。

　　中国还是最早将磁性物质应用于医疗和健康领域的国家。从古至今，医学工作者积累的大量关于磁治疗和磁保健的理论和经验，以及现代生物学和医学关于磁场对生物体所产生的多方面的生物效应的研究成果，都是人类利用磁场进行日常健康维护和临床诊治的基础。磁科技在人类健康事业发展中具有重要的地位和作用。例如，在明确磁场安全性的前提下，有效地利用外加人工磁场作用于人的日常保健和临床诊治。

《磁 生命 健康》将"磁科技知识"与"磁科技的生命健康应用"相结合，通过"小磁"与"磁博士"的互动、生动有趣的文字、美妙精彩的图片，分别从初识大自然的磁密码、感知科技与生活中的磁密码、解锁生命中的磁密码、探究健康医疗的磁密码、磁科技礼赞和磁密码本质六个方面，揭秘磁的神秘面纱，诠释磁的科学原理，洞悉磁的科学规律。

希望读者借由本书，感受磁科技的力量，理解磁科技对生命健康的重要性。

编者

2020 年 9 月

目 录

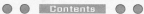
Contents

第一章
初识大自然的磁密码

第二章
感知科技与生活中的磁密码

第三章
解锁生命中的磁密码

第四章
探究健康医疗的磁密码

第五章
磁科技礼赞

第六章
磁密码的本质

第一章
初识大自然的磁密码

浩瀚的宇宙中存在着一种神秘且有强大力量的物质——磁场。磁场是由运动电荷产生的一种看不见、摸不着，但却客观存在的特殊物质。太阳系中各个星球、地球上的所有生物体都有磁性和磁场。它们是如何产生的？它们的磁场有多强？本章将以太阳、八大行星以及月球为例，介绍宇宙中的磁场。

第一节　宇宙磁场

1　什么是宇宙磁场

微观空间中的物质都有磁场，宇宙中的星际空间也存在着磁场，即宇宙磁场（图1-1）；地球外的各种星体之间的磁现象为宇宙磁现象。

◀ 图1-1　宇宙磁场示意

2　宇宙磁场的测量

　　我国首颗空间天文卫星——"慧眼"，通过其携带的科学仪器，测得了X射线吸积脉冲星表面的磁场强度，约为 10^9 T。这是目前人类直接测得的宇宙中最强的磁场，相关成果发表在《天体物理学报通讯》（*Astrophysical Journal Letters*）期刊上。

第二节 太阳及太阳系行星磁场

1 太阳磁场的主要分布及磁场强度

太阳磁场（图 1-2）是影响太阳活动的重要因素，与黑子、日珥和日冕等有密切的关系。太阳磁场强度的平均值很小。如果将太阳看成一个点光源进行观测，其平均磁场强度约为 26 μT（0.26 Gs）。通常根据太阳光谱线在磁场中分裂的塞曼效应进行太阳磁场强度的测量。太阳有 6 个区域：内部的核心区、辐射区、对流区，可见层的光球层、色球层及日冕。太阳磁场主要存在于光球层、色球层和日冕低层中，在太阳内部或日冕外则很微弱。

▼ 图 1-2　太阳磁场示意

2　日珥与太阳磁场的关系

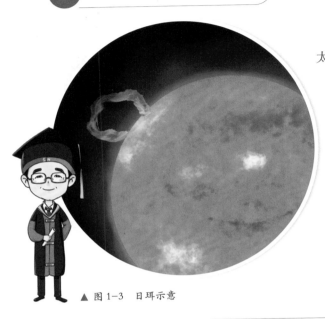

日珥（图 1-3）是太阳表面喷出的炽热气流，是太阳色球层上发生的强烈的太阳活动。因此，可间接地通过日珥来评估太阳磁场活动的强弱。

▲ 图 1-3　日珥示意

3　如何通过太阳黑子和日冕评估太阳磁场的活动

　　太阳黑子是一种发生在太阳光球层上的太阳活动。太阳磁场的活动会抑制大气的对流，使太阳表面的温度相对较低，出现一些暗黑色的斑点，即为太阳黑子。日冕为太阳系中最剧烈的爆发活动，日冕的极高温度与太阳磁场的物理过程存在一定的关系。它的物质抛射通过太阳磁场的活动驱动。目前，我国相关领域的学者利用"磁震学"方法，首次测量到日冕磁场的全球性分布，相关成果发表在《科学》（Science）和《中国科学：技术科学》（Science China Technological Sciences）杂志上。

4 太阳磁场的空间探测器

1990 年 10 月 6 日，在美国卡纳维拉尔角发射的环绕太阳公转的太阳探测器——"尤利西斯号"（图 1-4），目标任务之一是对太阳的极区进行探测。它携带了 3 种测磁计：磁力磁向测量仪、三轴伸展螺旋磁强计及电磁导航磁强计，可以对太阳风、太阳表面活动及太阳磁场进行探测研究。

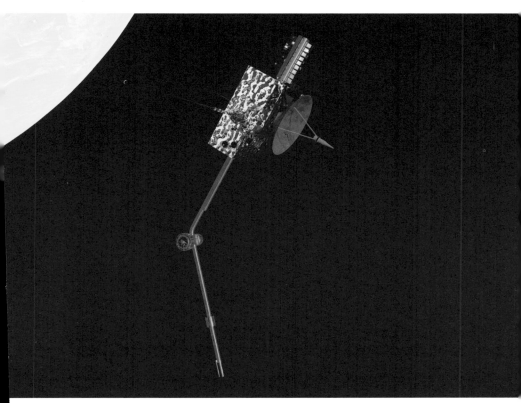

▲ 图 1-4 "尤利西斯号"探测器

5 水星磁场的产生和特点

水星磁场（图 1–5）是由其内部液态金属的流体运动产生的。水星是太阳系中除地球外同样具有全球性磁场的行星。水星磁场较为特殊，磁场近似于磁偶极（只有两个磁极），且水星磁轴相对于自转轴倾斜约 10°。水星赤道磁场强度约为 300 nT，大概是地球赤道磁场的 1%。与地球磁场相比，水星磁场虽较微弱，但它与太阳风相互作用时，会产生强烈的磁龙卷风。

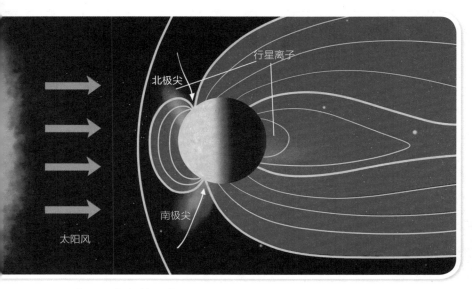

▲ 图 1–5 水星磁场示意

6 水星磁场的空间探测器

　　美国国家航空航天局于 1973 年 11 月 3 日成功发射水星探测器——"水手 10 号"（图 1-6）。它以飞掠的方式探测水星，是第一个探测水星的行星际探测器。其携带的设备有磁力计、电视摄像机、粒子计数器、红外线辐射计等，主要任务是探测水星的环境、大气、磁场和地表与行星的特征等。

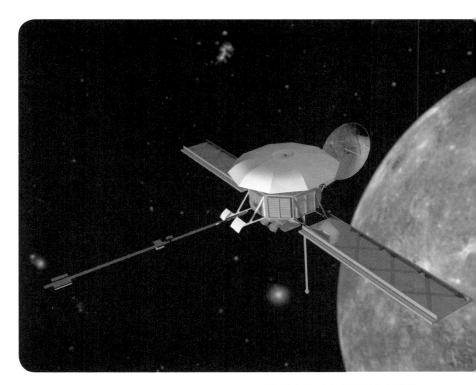

▲ 图 1-6 "水手 10 号"探测器

7 金星磁场为何如此微弱

金星磁场（图 1-7）相当微弱，是由太阳风与金星电离层相互作用产生的感应磁场。金星存在由太阳风延伸的太阳磁场而产生的诱发磁层。金星有一个由铁镍元素组成的核心，围绕核心的是一层热岩浆结构，岩浆表面是一层薄薄的岩石外壳。其结构、大小与地球相似，主要的大气成分为二氧化碳和氮气。

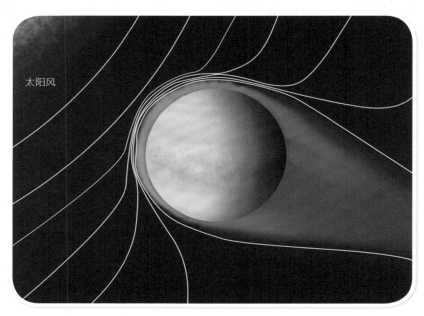

太阳风

▲ 图 1-7 金星磁场示意

8　金星磁场的空间探测器

　　美国国家航空航天局于 1989 年 5 月 4 日在肯尼迪航天中心成功发射金星探测器——"麦哲伦号"（图 1-8）。这是到目前为止最先进、最成功的金星探测器。"麦哲伦号"的主要任务是进行金星地表结构、电特性、辐射和全球引力场的测量等，以了解金星表面结构、内部的力学特性、太阳风粒子和引力场等。

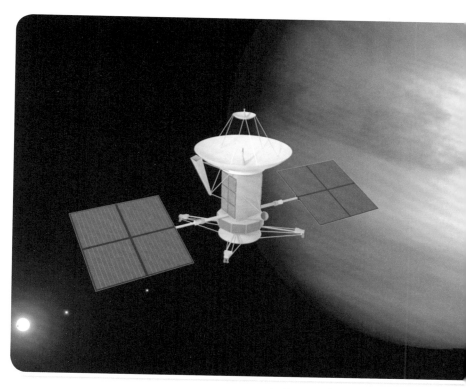

▲ 图 1-8　"麦哲伦号"探测器

9　火星磁场的形成原因和特点

火星磁场（图1-9）相比于地球磁场较小。目前认为，火星磁场主要是火星电离层与太阳风相互作用产生的感应磁场。如今的火星虽没有全球性的磁场，但在火星南半球存在被高度磁化的岩石。这表明火星磁场大约在40亿年前存在过。火星有一个由铁、镁和硫等元素组成的核心，围绕火星核心的是一层熔岩结构，熔岩外层是由铁、镁、铝等元素构成的外壳。目前，火星是除地球外，人类研究最多且最深入的行星。

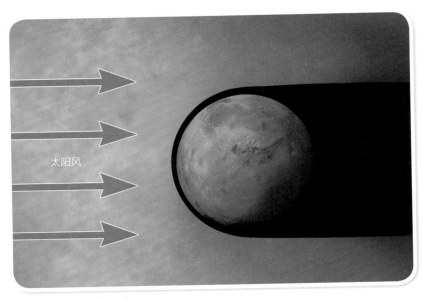

太阳风

▲ 图1-9　火星磁场示意

10 火星磁场的空间探测器

2003年7月7日，美国国家航空航天局在佛罗里达州卡纳维拉尔角空军基地成功发射火星探测器——"机遇号"（图1-10）。它的主要任务是通过携带的磁体搜集分析磁性沙粒存在的可能性；通过检测火星表面的岩石和土壤的矿物成分寻找水的痕迹，进一步评估火星是否适合人类居住。

▲ 图1-10 "机遇号"探测器

中国首台火星探测器——"天问一号"（图1-11）于2020年7月23日在文昌航天发射中心成功发射。它携带了多种科学仪器，包括火星磁力仪、火星磁场探测器和火星表面成分探测器等。它的主要任务是检测火星表面的物理场（电磁场、引力场）、电离层、表面的物质组成和土壤特征，分析火星是否适合人类居住。

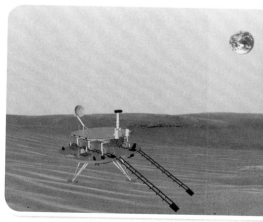

▲ 图1-11 "天问一号"探测器

11　强大的木星磁场

木星磁场（图 1-12）是由其内部的液态金属氢流体运动导电产生的。木星赤道附近的磁场强度是 428 μT（4.28 Gs）左右，约为地球赤道磁场的 10 倍。太阳风在木星磁场中形成的磁层是太阳系中最强大的行星磁层。在太空中，该磁层可以延伸数百万千米，甚至能到达土星的轨道。

木星是一个主要由氢和氦组成的气态行星。在大气深处，随着温度和压力的升高，氢气被压缩成液体。越靠近核心，压力就越大，以至于氢原子的电子被挤压出来，使液体像金属一样，可以导电。这颗行星强大的磁场可能是由其快速自转推动了这一区域的电流而产生的。

▲ 图 1-12　木星磁场示意

12 木星磁场与地球磁场有何异同

与地球磁场一样，木星磁场也是由内部金属运动产生的，大部分是偶极磁场（即位于磁轴两端的、单一的磁北极和磁南极）。但不同的是，木星的内部核心主要是金属氢，而地球的内部核心是熔融的镍和铁；木星偶极磁场的北极位于北半球，南极位于南半球，而地球磁场的南极位于北半球，北极位于南半球，与木星恰好相反。

13 木星磁场的空间探测器

1989 年 10 月 18 日，美国国家航空航天局成功发射专门探测木星的探测器——"伽利略号"（图 1–13）。它通过携带的大气结构仪、磁强仪、近红外勘测分光仪和测云仪等科学仪器，探测木星的大气结构、磁场和温度等，最终于 2003 年 9 月 21 日坠落。

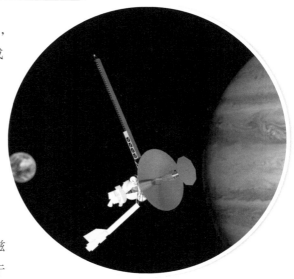

▲ 图 1–13 "伽利略号"探测器

14 土星磁场的"真实面目"

土星磁场（图 1-14）是由行星内部金属导电部分的流体运动产生的。土星赤道附近的磁场强度约为 20 μT（0.2 Gs）。土星是由氢和氦组成的气态星球，大小和离太阳的距离约是地球的 9 倍，质量约是地球的 95 倍。土星极地大气中的原子和分子受到太阳磁层中高能粒子流的影响，使土星的高纬度地区也会出现极光现象。

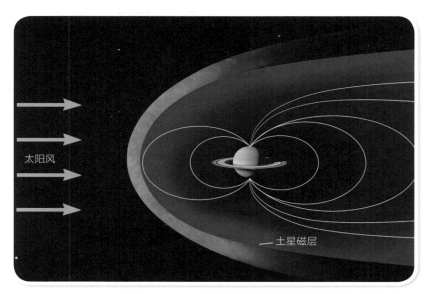

太阳风

土星磁层

▲ 图 1-14 土星磁场示意

15 土星磁场的空间探测器

美国国家航空航天局于 1997 年 10 月 15 日成功发射了专门探测土星的行星际探测器——"卡西尼－惠更斯号"（图 1–15）。它包括土星轨道探测器（"卡西尼号"）和登陆泰坦（"惠更斯号"），主要任务是通过携带的先进科学仪器测量分析土星的大气、温度场、电离层和磁场之间的关系等，为进一步研究土星提供一定的数据支持。

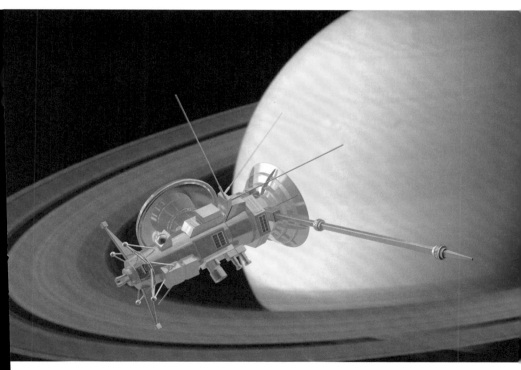

▲ 图 1–15 "卡西尼－惠更斯号"探测器

16　天王星磁场的特征

　　天王星磁场（图 1–16）的磁轴与自转轴相对倾斜约 59°，几乎是地球磁偏角的 5 倍。天王星磁场是不对称的，表面的平均强度是 23 μT（0.23 Gs），南半球的磁场强度低于 10 μT（0.1 Gs），而北半球的则高达 110 μT（1.1 Gs）。天王星是太阳系中两颗冰巨星之一（另一颗是海王星），主要的大气成分是氢气、氦气和微量的甲烷。由于大部分的红色光谱被甲烷所吸收，所以天王星呈现标志性的蓝绿色。

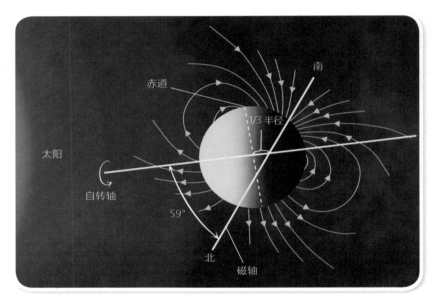

▲ 图 1–16　天王星磁场示意

17 海王星磁场的特征

海王星磁场（图 1–17）的磁轴与自转轴相对倾斜约 47°。海王星有着与天王星类似的磁层，在赤道附近的磁场强度约是 14 μT（0.14 Gs）。海王星大气的主要成分是氢气、氦气、甲烷及少量的氨气。同天王星一样，大气中甲烷对红色光谱的吸收是海王星呈现深蓝色的原因之一。

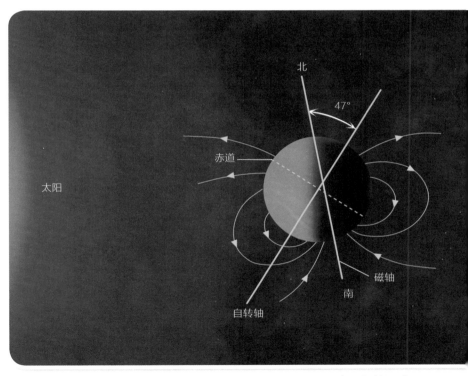

▲ 图 1–17 海王星磁场示意

18　天王星和海王星磁场的空间探测器

　　美国国家航空航天局于 1977 年 8 月 20 日在肯尼迪航天中心成功发射了空间探测器——"旅行者 2 号"（图 1-18），分别于 1986 年和 1989 年"拜访"了天王星和海王星。这是人类首次利用空间探测器观测天王星和海王星的全貌。通过其携带的磁力仪、低能带电粒子探测仪和红外干涉光谱仪等多种科学仪器，对天王星和海王星的磁场、大气、光环进行探测。

▲ 图 1-18　"旅行者 2 号"探测器

第三节　地球磁场

1　什么是地球磁场

　　地球表面不仅被大气层包围，同时还存在一把看不见、摸不着的天然保护伞，即地球磁场，也称地磁场（图1–19）。地球磁场是指产生于地球的内部，并延伸到地外空间的磁场。通常提及的地球磁场是指地球表面的磁场，并不是全球性磁场（又称为空间磁场）。地球的表面磁场是通过地核的旋转形成的。

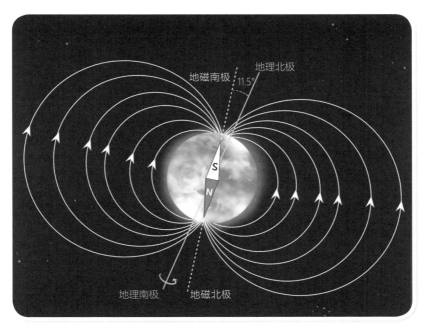

图 1–19　地球磁场示意

2　地球磁场的构成和产生原理

根据目前的研究推测，地球磁场形成于约35亿年前，与生命起源的年代相近。地球磁场由内源场和外源场构成。内源场源于地球内部，约占地球磁场的95%，普遍认为是由地核内液态铁的流动引起的；外源场源于地球外部，约占地球磁场的5%，主要来自太阳。

地球由地核、地幔和地壳组成，地核又分为外核（液态核）和内核（固态核）。富含铁元素的液态核在微弱的磁场中运动时会产生电流，电流的磁场又进一步增强原来的弱磁场。因为摩擦生热的损耗，磁场增加到一定程度后达到稳定状态，继而形成了现在的地球磁场。

3　地球磁场的大小

地球磁场强度与地球磁极之间存在一定的相关性，为30（南美地区和南非）～60 μT（加拿大的磁北极附近、澳大利亚南部和一部分西伯利亚地区）。地球表面的磁场为25 ～65 μT（0.25～0.65 Gs）。其中，地球表面赤道上的磁场强度为29～40 μT（0.29～0.4 Gs）。

4 地球磁场磁感线的分布特点

地球磁场的磁感线方向是从地理南极指向地理北极。地磁北极（N 极）在地理南极附近，地磁南极（S 极）在地理北极附近。地球的自转轴与地磁两极连线的磁轴并不重合，有 11.5° 的夹角（图 1–19）。地球两极的磁感线垂直于地面，赤道上方的磁感线平行于地面。除两极外，磁感线的水平分量总是指向北方。

5 什么是地磁偏角

地磁偏角是指地球表面上任一处的磁北方向与正北方向之间的夹角。当地磁北极的方向偏向东时，地磁偏角为正，反之为负。

6 地球磁场存在的意义

地球磁场能够反射粒子流，保护地面生物免受宇宙射线和太阳风的侵袭。高能宇宙射线被地球磁场捕获后，在磁极附近的高纬度地区产生绚丽的"极光"。

7 什么是地球磁层

　　地球磁层（图 1-20）是在地球磁场的作用下，太阳风绕过地球磁场继续前进时所形成的一个被太阳风包围的磁场区域。地球磁层的形状和大小由地球磁场、行星际磁场和太阳风粒子决定。

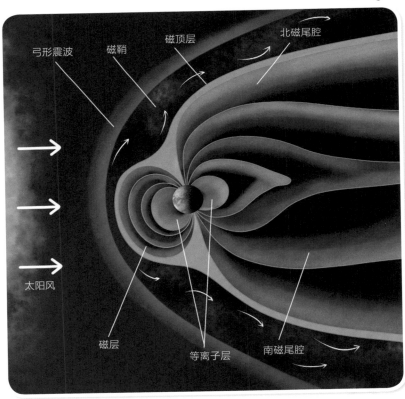

▲ 图 1-20　地球磁层示意

8　地球磁场对太阳粒子射线的影响

当太阳的高能带电粒子辐射地球时，地球磁场作用使其受到洛伦兹力的影响，运动方向发生偏转，不会直射地面，这样就避免了太阳粒子对地球上的生物造成伤害。但在南极或北极的上空，磁场几乎垂直于地面，越靠近地磁极，带电粒子偏转就越不明显，所以两极地区的辐射是比较强的。

9　什么是地磁逆转

地磁逆转是指地球磁场方向发生变化，即地磁北极和地磁南极对调。由于地核与地壳的自转角速度不同步，现阶段地核的自转速度大于地壳的情况不会长久维持。地壳会接收来自地核通过地幔软流层所传输的角动量，使地核的自转速度减小、地壳的自转速度增加。当地壳的自转速度大于地核的自转速度时，就会发生地磁逆转。

地磁逆转常伴随着磁场强度的减弱，当新的方向确定后，磁场强度又会迅速增加。在近 450 万年内，地球磁场曾出现过 9 次逆转。地磁逆转的过程是极其漫长的，平均每 50 万年出现一次，最近一次是在 78 万年前发生的。

10　如果地球磁场消失了，会给生物带来什么样的影响

　　在地磁逆转发生之前，当地壳与地核的自转速度达到一致时，地球磁场会在地球表面短暂消失。对于地球上的生物来说，地磁变换是灾难性的。地球磁场消失后，各种宇宙射线都会直射到地球表面上。地球上的生物将会失去天然"保护伞"，从而受到太阳粒子的强烈辐射伤害，导致动植物染色体畸变、基因变异。

11　地磁逆转对生物的影响有哪些

　　地磁逆转会对地球上的生物产生一定的影响，主要表现：①地磁逆转过程中，太阳粒子会猛击地球大气层，对地球气候和生物体产生严重的影响；②依靠地磁导航的生物如趋磁性细菌、羚羊、鲸和燕子等，会迷失方向；③地磁逆转期间，磁场会减弱，地球磁场对氧粒子的保护作用减弱，导致大气的氧含量持续下降，最终降至诱发生物灭绝的阈值。

12　全球气候变化和地球磁场之间的关系

　　全球气候变化与地球磁场变化之间存在一定的联系，地球内部通过持续地向大气中释放热量，来影响全球气候。主要表现：全球气温的增加（减少）与地球磁场的增强（减弱）相对应；一般情况下，气候的变化相对滞后于地球磁场的变化。

13 地震的发生与地球磁场的关系

地震前兆会伴有地球磁场、地应力和重力场的异常等现象出现。可以通过监测地球磁场的变化对地震进行预测，研究表明，地震引起磁场变化的原因有两个：①地震前，在地应力的作用下，岩石出现"压磁效应"，导致地球磁场局部发生变化；②岩石在地应力的作用下，被拉伸或压缩，引起电阻率的变化。因此，地球磁场异常变化是进行地震预测的重要参数。

14 地球磁场在地震监测方面的应用

"张衡一号"（图 1–21）是中国首颗电磁监测试验卫星，也是中国首个地震立体监测体系下的空间观测平台。该卫星可对全球电磁场和电离层进行监测，在约 500 千米高的太阳轨道上，对中国 6 级以上和全球 7 级以上震级地震的电磁信息进行分析。

通过该卫星所携带的仪器可以获取全球地磁场和电离层环境变化的信息，有利于科学家进一步了解地震的变化规律。此外，该卫星还填补了地面电磁场和电离层在青藏高原和中国近海海域的观测盲区，为相关领域的科学研究提供了一定的数据支持。

▲ 图 1–21 "张衡一号"试验卫星

第四节　月球磁场

1　月球磁场的大小和来源

　　月球磁场非常弱，整个表面的平均磁场强度约为 4 nT，约是地球磁场的万分之一。月球磁场最强的区域位于对峙区内的地势低洼处，平均磁场强度超过 67 nT（图 1-22，图 1-23）。

　　关于月球磁场的来源有多种假说，普遍认为是在大的陨石撞击下，液态的岩石会浮于月球表面形成岩

▲ 图 1-22　月球磁场示意

正面　　　　　　　　　　　　　背面

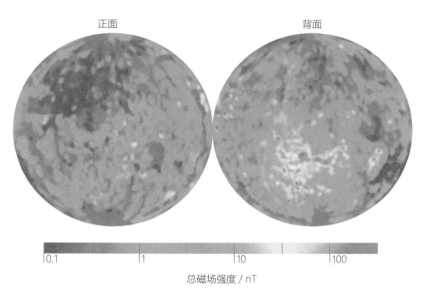

|0.1　　　　　|1　　　　　|10　　　　　|100

总磁场强度 / nT

▲ 图 1-23　月球磁场的全球分布示意

浆海，从而产生一个充满放射元素（如钍与铀）且密度较大的次表面区。随后，伴随放射元素的衰变释放热能，从而进一步融化月球的铁核心。液态铁核随着月球自转会产生电流，进而产生感应磁场。

2　月球磁场的神秘探索之旅

1972 年 4 月 20 日，美国登月飞船"阿波罗 16 号"（图 1-24）进入月球轨道。登月后，航天员在月球表面架起了 3 个互相垂直的测磁传感器，对月球磁场进行研究。之后，指令舱在月球轨道中，投放了可以对月球磁场和太阳粒子进行探测的卫星。

▲ 图 1-24 "阿波罗 16 号"登月示意

　　2007 年 10 月 24 日，中国的探月工程发射了第一颗绕月卫星"嫦娥一号"。它搭载了多部测量仪器，包括：CCD 立体相机、太阳高能粒子探测器和太阳风离子探测器等，在短时间内获取了月球表面完整的影像图，研究分析月球与太阳风粒子之间的作用。

　　2010 年 10 月 1 日，中国的第二颗绕月卫星"嫦娥二号"（图 1-25）发射成功。通过分析其携带的太阳风离子探测器的数据，发现当该卫星逐渐接近月球表面著名的磁异常区时，质子的体速度和密度均有所降低，但质子温度却明显升高。这些趋势都符合对太阳风和"微磁层"相互作用理论上所期待的效应，也很好地证明了"微磁层"可能存在于月球表面的磁异常区域。

　　2013 年 12 月 14 日，"嫦娥三号"携带中国第一艘月球车——"玉兔号",软着陆月球表面。其携带的探测仪器包括天文月基光学望远镜、极紫外相机和测月雷达,分别实现探测亮度低至 13 等级的物体、从整体上探测地磁扰动和太阳活动对地球空间等离子

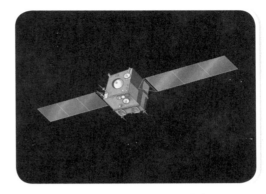

▲ 图 1-25 "嫦娥二号"卫星

层辐射的影响、国际上首次直接探测月壤层结构与厚度到达 30 m 深度。

2018 年 12 月 8 日,"嫦娥四号"(图 1-26B)携带的"玉兔二号"(图 1-26A)成功发射。2019 年 1 月 3 日,"嫦娥四号"完成了世界首次在月球背面高纬度极地软着陆,通过携带的科学测量仪器(包括低频射电频谱仪、红外光谱仪和辐射剂量探测仪等),对月球背面环境进行探测。

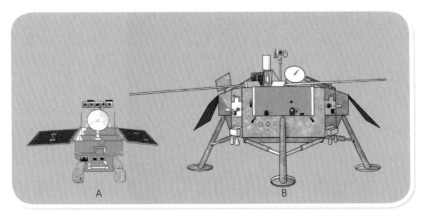

▲ 图 1-26 "玉兔二号"巡查器(A)及"嫦娥四号"登陆器(B)

第五节　人体磁场

1 人体磁场的形成

人体磁场属于生物磁场的范畴，主要通过 3 种方式产生：①人体内的电荷运动产生生物电流，进而产生感应磁场。即在人体的生理活动过程中，会伴随着电子的转移，从而产生生物电流。例如，人体脏器和组织（如心脏、脑和肌肉等）有规律地运动时，通过产生的电流产生心磁场、脑磁场和肌磁场。②人体内的磁性物质产生的磁场。在一定环境下，某些磁性粉尘物质经呼吸道进入人体。这些磁性物质在地球磁场等外加磁场的作用下，发生磁化成为微小的磁体，进而在人体内产生剩余磁场。例如，石棉矿工人因吸入粉尘物而产生肺磁场。因此，可通过测定人体磁场来检测人体的生理或病理状态。③生物磁性材料产生的感应磁场。人体组织中的一些物质具有一定的磁性。例如，人体中含有较多铁的肝脏、脾脏，在外界磁场作用下能够产生感应磁场（图 1-27）。

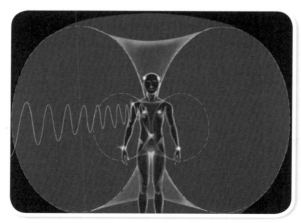

▲ 图 1-27　人体磁场示意

2　人体磁场的分类

目前检测到的人体磁场主要有以下 5 种（表 1-1）。

①心磁场：是最早探测到的人体磁场，心脏通过周期性收缩和伸张运动产生生物电流，进而产生心磁场。

②脑磁场：脑细胞通过自发或诱发活动会产生生物电流，进而产生脑磁场。脑磁场非常微弱。

③肺磁场：通过侵入肺部的磁性物质产生磁场。在人体磁场中，肺磁场是比较强的。

④肌磁场：人的骨骼肌通过运动产生肌电流，进而产生肌磁场。

⑤眼磁场：非常微弱，通过眼球的运动产生。

表 1-1　人体磁场的分类及磁感应强度的大小

部　位	人体磁场	磁感应强度 /μT
正常心脏	心磁场	$\leqslant 10^{-4}$
正常脑	脑磁场	$\leqslant 5 \times 10^{-7}$
正常脑（睡眠）	脑磁场	$\leqslant 5 \times 10^{-6}$
肌肉	肌磁场	$\leqslant 10^{-5}$
眼部	眼磁场	$10^{-7} \sim 10^{-6}$
石棉矿工人肺部	肺磁场	$\leqslant 50$

参考文献

［1］Ge M Y，Ji L，Zhang S N，et al. Insight-HXMT firm detection of the highest energy fundamental cyclotron resonance scattering feature in the spectrum of GRO J1008−57［J］. Astrophy. J.，2020，899（1）：L19.

［2］向南彬. 太阳磁场的周期性及与太阳总辐照关系的研究［D］. 昆明：中国科学院研究生院（云南天文台），2015.

［3］Yang Z H，Bethge C，Tian H，et al. Global maps of the magnetic field in the solar corona［J］. Science，2020，6504（369）：694−697.

［4］Yang Z H，Tian H，Tomczyk S，et al. Mapping the magnetic field in the solar corona through magnetoseismology［J］. Science China Technological Sciences，2020.

［5］肖苏东. 太阳风与金星感应磁层相互作用［D］. 合肥：中国科学技术大学，2018.

［6］童冬生，陈出新. 火星磁场产生的原因及其分布［J］. 空间科学学报，2010，30（3）：193−197.

［7］费涛，方美华，朱基聪，等. 木星磁场及磁场模型的对比分析［J］. 深空探测学报，2019，6（2）：150−155.

［8］吴长锋. 地磁逆转会带来什么影响?［J］. 中国工程咨询，2019（3）：103−104.

［9］魏勇，万卫星. 地磁倒转与生物灭绝因果关系研究五十年［J］. 地球物理学报，2014，57（11）：3841−3850.

［10］高晓清，柳艳香，董文杰，等. 地磁场与气候变化关系的新探索［J］. 高原气象，2002（4）：395−401.

［11］杨学祥，陈殿友，寇艳春. 地应力地磁场与地震［J］. 东北地震研究，1995（2）：23–30.

［12］肖智勇，曾佐勋. 月球磁场研究新进展［J］. 地球物理学进展，2010，25（3）：804–808.

［13］仲维纲，周述志. 人体磁场的研究及临床应用［J］. 滨州医学院学报，1987（2）：89–91.

第二章

感知科技与生活中的磁密码

　　在日常生活和工作中，除了自然界的磁场，我们还会遇到各种各样的人工磁场。这些磁场被应用于日常生活、工农业生产、国防和科技等研究领域。不计其数的工业产品和重大工程中都应用到了磁科技。本章将主要介绍色彩斑斓的磁科技世界，带领读者感受磁科技的无穷魅力和巨大力量。

第一节　磁场的分类和形式

1　磁场的分类

磁场是一种看不见、摸不着但又客观存在的特殊物质。根据磁场的强度和方向是否变化，可以将磁场分为静态磁场和动态磁场。根据磁场强度的大小，静态磁场可以分为亚磁场（<5 μT）、弱磁场（5 μT~1 mT）、中强磁场（1 mT~1 T）和强磁场（>1 T）；动态磁场可以分为工频磁场、射频磁场、脉冲磁场和旋转磁场等。

2　永磁体

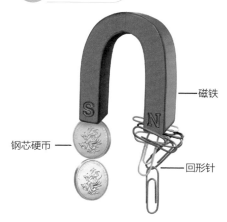

钢芯硬币 ——

磁铁 ——

—— 回形针

▲ 图 2-1　永磁体的铁磁性示意

永磁体又名硬磁体（图2-1），是一种能够长期保持磁性的磁体，如天然磁石和人造磁体。永磁体的组成材料分为两大类，即合金永磁材料和铁氧体永磁材料。我们的日常生活已经和永磁体密不可分，如电视机、音箱、收音机等。

3　稀土永磁体

　　稀土永磁体是由稀土元素合金制成的强永磁铁。稀土元素指的是化学元素周期表（图2-2）中的钇（Y）、钪（Sc）

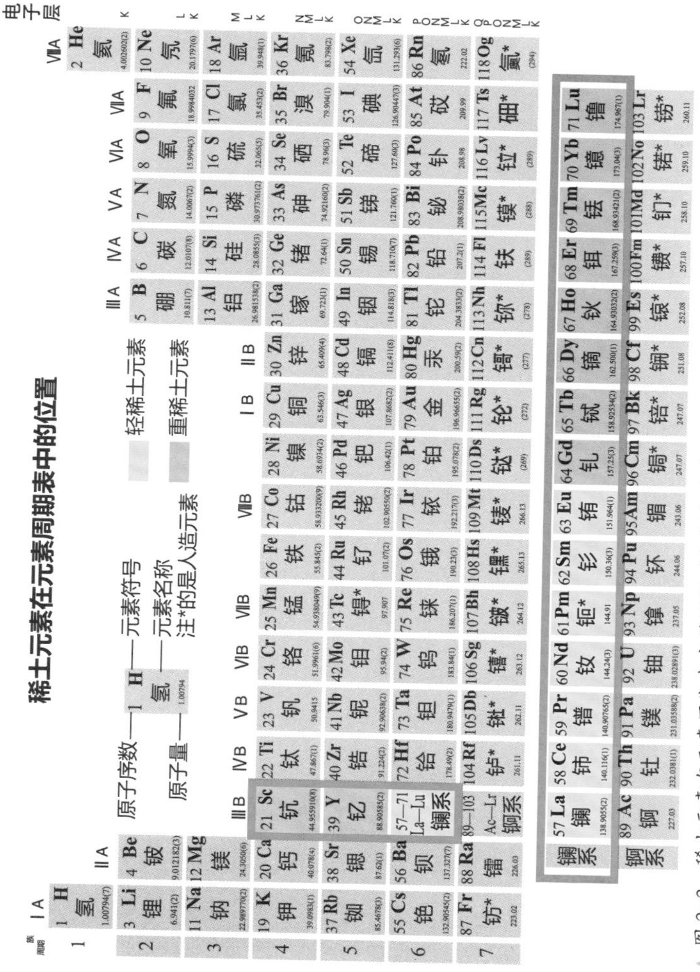

▲ 图2-2　稀土元素在元素周期表中的位置（红框内为稀土元素）

▲ 图 2-3 钕铁硼永磁体提起钢球示意

元素，以及与其密不可分的镧系元素——镧（La）、铈（Ce）、镨（Pr）、钕（Nd）、钷（Pm）、钐（Sm）、铕（Eu）、钆（Gd）、铽（Tb）、镝（Dy）、钬（Ho）、铒（Er）、铥（Tm）、镱（Yb）、镥（Lu），共计 17 种元素。稀土永磁体可分为钐钴（SmCo）永磁体和钕铁硼（NdFeB）永磁体，其中钕铁硼永磁体可提起相当于自身质量数倍的钢球（图 2-3）。

稀土永磁体由稀土永磁材料加工而成，所谓稀土永磁材料是指由稀土金属和过渡金属混合而成的磁性材料。稀土永磁材料被分为第一代钐钴稀土永磁材料（$SmCo_5$）、第二代钐钴稀土永磁材料（Sm_2Co_{17}）和第三代钕铁硼稀土永磁材料（NdFeB）。

20 世纪 60 年代末，中国开始发展稀土永磁行业，主导产品为钐钴永磁体。中国的稀土矿主要分布在内蒙古、山东、四川等地区。1950—2018 年世界稀土矿生产量的统计显示，中国生产量后来居上，位列全球第一（图 2-4）。这些稀土资源都是我国的宝贵财富，大部分稀土资源被应用于军工领域。

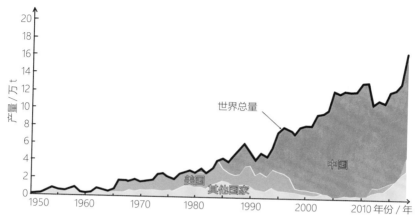

▲ 图 2-4　1950—2018 年，世界稀土矿生产量变化曲线

4 磁芯的真面目

　　磁芯是具有高磁导率的磁性材料，由铁磁性金属或铁磁性化合物制成。例如，铁氧体棒磁芯（图 2-5），主要用于限制和引导变压器、电动机、发电机等电器中的磁场。线圈缠绕模制铁氧体棒磁芯（图 2-6）的磁场通常由绕着磁芯的载流线圈产生，有助于提高线圈电感量。

▲ 图 2-5　铁氧体棒磁芯

▲ 图 2-6　载流线圈缠绕铁氧体棒磁芯（A）和模制铁氧体棒磁芯（B）

5　软磁体的神奇之处

软磁体是具有低矫顽力和高磁导率的磁性材料，易于磁化，也易于退磁。其材料主要有两类：金属软磁材料和铁氧体软磁材料。常见的软磁体有高导磁合金、坡莫合金和超级合金，被广泛应用于电工设备和电子设备。

高导磁合金是一种具有很高渗透性的镍铁软磁合金，用于屏蔽敏感电子设备的静电或低频磁场。五层高导磁合金盒可用于屏蔽地球磁场（图 2-7），每一层厚约 5 mm，其内部磁场约为地球磁场的 1/1500。

▲ 图 2-7　高导磁合金盒

坡莫合金是一种镍铁合金材料（图2-8）。1914年，贝尔电话实验室的物理学家古斯塔夫·埃尔门发明了此类合金。坡莫合金以极高的磁导率闻名于世，常用于中高频变压器。例如，脉冲变压器（图2-9）主要由绕组和可以导磁的坡莫合金铁心构成。坡莫合金按成分可分为4类：35%~40% Ni-Fe合金、45%~50% Ni-Fe合金、50%~65% Ni-Fe合金和70%~81% Ni-Fe合金。西北工业大学生命学院空间生物实验模拟技术国防重点学科实验室的亚磁场环境包括屏蔽式亚磁场环境细胞培养箱（图2-10）和亚磁场环境动物饲养室（图2-11），它们均由坡莫合金制成。其中，细胞培养箱的腔体内平均磁场强度小于500 nT，动物饲养室的腔体内平均磁场强度

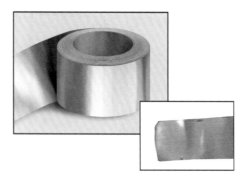

▲ 图 2-8　坡莫合金材料

磁芯

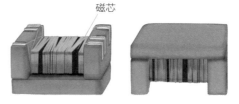

▲ 图 2-9　脉冲变压器

▲ 图 2-10　屏蔽式亚磁场环境细胞培养箱

▲ 图 2-11 亚磁场环境动物饲养室

涡轮扇发动机中的镍合金扇叶（图 2-12）。

小于 300 nT。

超级合金又称高温合金，由镍（75%）、铁（20%）和钼（5%）组成。它是一种高磁导率铁磁合金，具有高强度、高硬度、高耐蚀、高热稳定性、低矫顽力（电阻率为 $6.0 \times 10^{-7} \, \Omega \cdot m$）和可加工性优良等特点，如

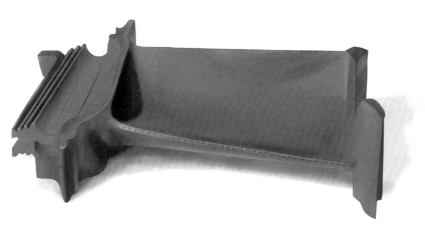

▲ 图 2-12 镍合金扇叶

6 世界强磁场实验室

　　强磁场主要包括稳态强磁场和脉冲强磁场。稳态强磁场是指系统持续提供高强度的稳定磁场，可用于极端环境下的科学研究。脉冲强磁场是指在一个场强高且重复频率高的脉冲磁场内，系统获得从零场到磁场强度峰值的所有数据，特点是扫场速度快。

　　目前，世界上有五大稳态强磁场实验室，分别是荷兰奈梅亨强磁场磁体实验室、日本国家物质材料研究机构的筑波强磁体实验室、法国格勒诺布尔的强磁场实验室、美国佛罗里达国家强磁场实验室以及中国科学院合肥强磁场科学中心（图 2-13）。中国自主研发的强磁场

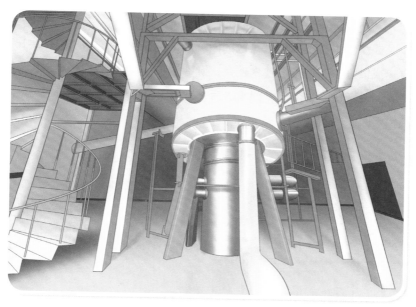

▲ 图 2-13　中国科学院合肥强磁场科学中心

装置有超导磁体、水冷磁体和混合磁体等，可用于磁光测量、磁体测量、凝聚态核磁共振以及磁生物医学研究。此外，西北工业大学生命学院空间生物实验模拟技术国防重点学科实验室拥有两台稳态强磁场装置，磁场强度分别高达 12 T（图 2-14）和 16 T（图 2-15）。

▲ 图 2-14　西北工业大学 12 T 超导磁体　　▲ 图 2-15　西北工业大学 16 T 超导磁体

　　武汉华中科技大学东校区的国家脉冲强磁场科学中心（图 2-16）自建成以来，逐渐突破技术壁垒，脉冲磁场强度峰值高达 90.6 T。这使我国一跃成为继美国、德国之后，世界上第三个掌握此项核心技术的国家。

▼ 图 2-16　武汉华中科技大学国家脉冲强磁场科学中心

7 "零磁空间"的秘密

顾名思义,"零磁空间"即为阻隔了地球磁场,在设备内部模拟外太空的零磁场环境。中国的"零磁空间"设备位于北京国家地球观象台院内(图2-17),是中国科研人员从 1981 年到 1989 年历时 8 年自行研制的大型地球磁场屏蔽装置。

零磁设备的主体框架为高纯铝铸造的正八角二十六面体骨架,核心构成材料为高纯度铝和坡莫合金。其内部剩余磁场小于 20 nT,不到普通地球磁场强度的万分之五。"零磁空间"主要用于自身磁信号很弱,且要求实验环境磁噪声水平极低的实验研究,如心磁场、脑磁场等人体磁场测量和医学实验。

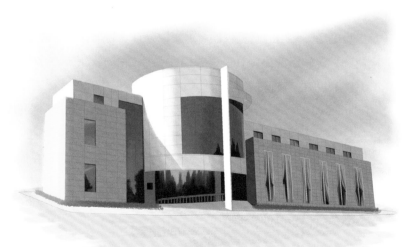

▲ 图 2-17 北京国家地球观象台

第二节　磁测量技术

1 磁测量的仪器

磁测量包括物质磁性及磁场的测量，主要是指在特定磁场或不同环境条件下，磁性材料的有关磁学量的定量检测，主要包括磁场的大小、方向和梯度等。

根据测量对象的不同，可将磁测量的仪器分为两类：第一类仪器能够将磁性材料的磁化强度、磁滞回线、磁导率、饱和磁矩、磁化曲线和交流损耗等特性测量出来，如爱泼斯坦仪、磁导计；第二类仪器主要测量表征磁场特征的物理量，如磁通密度、磁矩、磁场强度、磁通量、磁感应强度等，相关仪器有磁通计、磁位计、磁力计、磁强计、毫特斯拉计（也称高斯计）等。

对于静磁场，常用的测量仪器有力矩磁强计、特斯拉计、磁通计、冲击检流计、旋转线圈磁强计、磁通门磁强计、霍尔效应磁强计（图2-18）、核磁共振磁强计以及磁位计。它们可测量磁场强度、磁通密度等。而对于动磁场而言，它通常利用电磁感应效应将磁场的磁学量转换为电动势进行测量。动磁场探针在被测区域内感应出交流电，并检测表面空间产生电流的磁场，该方法既可检测裂缝又可估算尺寸，还可以测量磁场强度、磁通密度等。

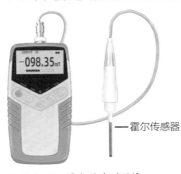

——霍尔传感器

▲ 图2-18　霍尔效应磁强计

2 磁性测量技术

磁场特性的测量主要包括磁场强度（H）、磁感应强度（B）、磁通量（Φ）、磁场强度梯度（$\mathrm{d}H/\mathrm{d}x$）等的检测。目前，磁性测量技术的原理主要有 7 种。

（1）电磁感应法

电磁感应法基于电磁感应定律，利用已知产生磁场的电流与磁场的数学公式，通过测量电流，计算磁场特性。

（2）磁通门法

磁通门法基于电磁感应定律测量电流（包括交流、直流或交直流结合 3 种类型），然后计算电流与磁感应强度、磁场强度的关系，主要用于测量弱磁场。

（3）磁阻效应法

磁阻效应法利用金属或半导体随外加磁场的变化导致其电阻率变化的规律，通过测量电阻率的改变进一步计算磁场特性。

（4）霍尔效应法

霍尔效应法利用电磁理论和霍尔效应得到霍尔电流和霍尔电动势的关系，通过霍尔电动势测得磁感应强度，主要测量小空间磁场以及交变磁场下的中强磁场。

（5）磁共振法

磁共振法是利用物质量子状态的感应跃迁测量磁场的一种方法。该方法测量精度较高，一般通过磁矩非零且可产生自旋角动量的原子核作为共振媒介，用于测量均匀恒定磁场或特别微弱的磁场。

（6）磁光效应法

磁光效应是指一束入射光进入磁化物质内发生相互作用，产生不同光学现象。通过磁光效应的原理测量磁场特性的磁光效应法，可以用于测量磁性材料的磁化强度，以及交变磁场、恒定磁场的磁感应强度等。

（7）超导效应法

超导效应法基于约瑟夫森效应可得到超导体中电流与电压的关系，可测量交变磁场、恒定磁场，也可测量人体不同器官或部位的磁图等，灵敏度极高。

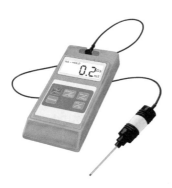

3 磁力计

磁力计又称高斯计、磁力仪、毫特斯拉计（图2-19）。磁力计主要分为两种基本类型：标量磁力计和矢量磁力计。标量磁力计可以测量总磁场强度，没有方向；矢量磁力计可以测量相对于设备空间中特定方向上的磁场分量。

 图 2-19　磁力计

4 磁力计、磁强计和磁通计有什么不同

磁力计主要用于检测磁性材料某一点和某个面的磁感应强度和方向，单位为特斯拉（T）或高斯（Gs），其中，1 T=10^4 Gs。

磁强计和磁力计的原理相同，主要用于精确检测地球磁场的大小

和方向，也可以用于测量物质的磁感应强度，单位为 T、Gs。磁强计在进行精密测量研究时，主要用于检测物质表面或者空间的弱磁场，检测结果的灵敏度和精确度均较高。

　　磁通计主要基于感应电流使磁通计指针偏转的原理，通过相应的指针偏转度公式分别计算磁通量、磁感应强度、磁场强度。磁通量的单位为 Wb（韦伯），磁场强度的单位为 A/m（安培 / 米）。

5　磁通门磁强计

　　磁通门磁强计是一种矢量检测仪器，主要基于高导磁和软磁材料的非线性工作特点，基本构成包括磁芯、激励线圈、感应线圈、信号检测和处理电路。根据磁芯的形状可将磁通门磁强计分为两类：第一类为闭合式磁芯磁通门磁强计，包括圆形磁芯、长方形磁芯以及跑道形磁芯；第二类为非闭合式磁芯磁通门磁强计，其中磁芯包括单轴磁芯和双轴磁芯。单轴磁芯磁通门磁强计（图 2-20）激励线圈和感应线圈为相同线圈。在发明的初期，磁通门磁强计主要用于测量海底磁性模式的变化，目前主要用于精确测量弱磁材料的磁导率、低频交变磁场以及梯度磁场。

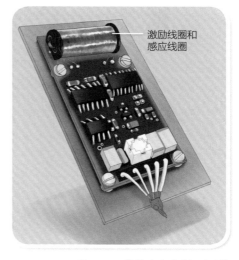

激励线圈和感应线圈

▲ 图 2-20　单轴磁芯磁通门磁强计

6　核磁共振磁强计

核磁共振磁强计（图 2-21）基于原子核旋进频率与交变磁场频率相等时产生共振吸收的原理，通过共振频率计算出磁通密度或磁场强度。其灵敏度和精度很高，误差数量级为 $10^{-5} \sim 10^{-4}$，因此可用于磁场定标。

▲ 图 2-21　核磁共振磁强计

第三节　磁场的应用

1 磁带记录介质大揭秘

　　磁带是指附着磁性涂层的带状材料，主要用于数字、图像、声音以及其他信号的记录，如录音磁带（图 2-22）、录像磁带（图 2-23）、计算机磁带（图 2-24）等。由于磁带具有存储寿命长、后期维护成本低等特点，许多企业使用此类存储介质保存重要资料。

▲ 图 2-22　录音磁带　　　　▲ 图 2-23　录像磁带　　▲ 图 2-24　计算机磁带

2 信用卡

　　早期人们的信用卡、借记卡等各类磁卡一般都包含磁条信息。例如，磁条信用卡将磁条设计在卡片背面（图 2-25），制卡成本虽然较低，但容易被复制，用户的安全性大打折扣。后来，随着数码科技的快速发展，芯片磁条复合信用卡（图

2-26）集成了磁条识别系统和芯片，芯片中包含了丰富的个人账户信息且不易被复制，极大地提高了信用卡的安全性。

磁条

芯片

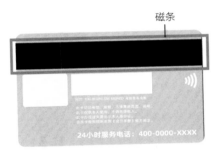

▲ 图 2-25 磁条信用卡

▲ 图 2-26 芯片磁条复合信用卡

3 "阴极射线显像管"电视机

"阴极射线显像管"电视机的主要工作原理是电子枪内发射电子的阴极产生大量分散的电子，经过加速聚焦后形成高速电子束。电子束通过均匀变换的磁场时，受到洛伦兹力发生偏转。最终，电子束偏转到荧光屏内侧，与屏幕内的荧光涂层撞击，实现发光成像。"阴极射线显像管"电视机正面为荧光屏（图 2-27A），高速电子束激发屏内的荧光粉发光成像；电视机背面（图 2-27B）的突出部分为阴极射线管，主要由电子枪、射线管壳、电磁偏转系统构成。电子枪用于产生电子束，阴极射线管颈部外侧分布偏转线圈产生磁场，令电子束发生偏转。

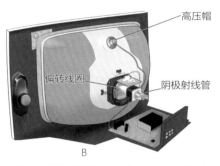

▲ 图 2-27 "阴极射线显像管"电视机正面（A）及背面（B）

4 神奇的麦克风

麦克风又称话筒，主要基于电磁效应原理。当振膜与人体原声相互作用时，位于振膜上的电磁线圈产生移位，并与内嵌永磁铁相互作用。电磁线圈在磁场内因切割磁感线而形成变化的感应电流，信号放大电路将电流进一步放大，最终实现声音的扩大。动圈式麦克风

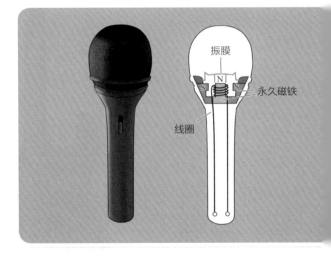

▲ 图 2-28 动圈式麦克风

（图 2-28）主要由线圈、振膜和永久磁铁组成，主要基于电磁效应原理和无线技术传递声音电波信号至放大器实现声音放大。

5　电吉他的秘密

　　拾音器是电吉他（图2-29）中最为重要的发声部分。电吉他主要通过磁性拾音器将琴弦的振动转化为电流，并通过放大电路将电流放大后输出给功率放大器，从而实现琴弦声音放大。

拾音器

▲ 图2-29　电吉他

6　喇叭、耳机和音箱没有磁体会怎样

喇叭又称扬声器，主要由音盆、盆架、音圈、定心支片、导磁板、磁体和导磁柱（T 铁）构成（图 2-30）。喇叭的工作原理是永磁体和载流音圈将音频电能转化为使音盆振动和周围空气产生共振的机械能，实现声音放大。扬声器按工作原理可分为电磁式扬声器、压电式扬声器、电容式扬声器、电动式扬声器以及等离子体扬声器。

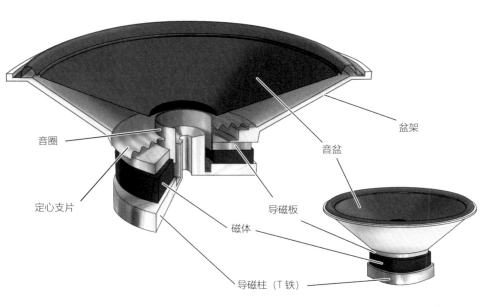

▲ 图 2-30　喇叭的主要构成

耳机（图 2-31）是一种微型喇叭，内部载有音频信号的电流在线圈中会产生变化的磁场。变化的磁场与固定磁场（耳机里面的磁铁）

相互作用，磁场的相互作用引起力的不断改变，推动耳机振膜的进一步振动发声，从而实现音频电信号转化为声音的过程。

音箱（图 2-32）将喇叭内嵌在箱式盒子内，产生更好的共鸣效果。

因此，如果喇叭、耳机和音箱没有磁体，磁场间就无法形成相互作用力，均无法有效工作。

磁铁

▲ 图 2-31　全罩式耳机　　▲ 图 2-32　音箱

7　奇异的磁体玩具和装饰

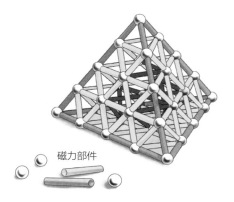

磁力部件

▲ 图 2-33　金属球与磁棒连接可构造 3D 建筑

磁铁是儿童玩具中常见的材料，使用具有磁性的部件既可以任意构造建筑（图 2-33），也可以通过物理原理实现物体近距离内磁力和重力的受力平衡（图 2-34），还可以制造益智类玩具，如太空磁轮。

生活中，人们将磁性

扣安装在项链、手镯和衣服等物品中，既实现了固定的功能，又达到了装饰的效果。磁铁通过外观升级，还可以作为家居装饰。例如，电冰箱磁贴（图2-35）将各类卡通形象或风景名胜的照片安装于一块小磁铁上，既可以用来固定便签，又可以作为装饰品。

▲ 图2-34 磁场同性相斥作用下物体的受力平衡示意

▲ 图2-35 电冰箱磁贴

8 指南针和司南

指南针（图2-36A）最早出现于战国时期，距今已有2000多年的历史。作为中国古代的四大发明之一，指南针的发明是中国古代劳动人民在长期的实践中对磁石及磁性认识的结果。指南针的主要组成部分是一根装在可转动轴上的磁针，磁针与地球磁场的作用可以维持其指向不变。即使转动盘体，磁针也保持在地球磁场磁子午线的切线方向上，磁针的北极指向地理的北极。

指南针的前身叫司南（图 2-36B），是由天然磁石制成的形如勺子的指向器。它的底部光滑，可以在平滑的铜质或木质的"地盘"上自由旋转。等它静止下来，勺柄就会指向南方。

A　　　　　　　　　　　　　　B

▲ 图 2-36　指南针（A）和司南（B）

9　不锈钢可以被磁铁吸引吗

只有部分种类的不锈钢可以被磁铁吸引，所以不能简单地通过能否被磁铁吸引来判断钢材是否为不锈钢。日常生活中的不锈钢是不锈、耐酸钢的简称。人们将耐空气、蒸汽、水等弱腐蚀性介质或具有不锈性的钢种称为不锈钢。日常生活中，接触较多的不锈钢主要有两大类：奥氏体不锈钢和马氏体不锈钢。奥氏体不锈钢由于在生产过程中加入较高的铬和镍等成分，钢体内部的金相组织呈现奥氏体的组织状态。这种组织是没有磁性的，无法被磁铁所吸引。马氏体不锈钢是一类通过热处理方式对性能进行调整的不锈钢，常见的马氏体有两种组织类型：板条状马氏体和针状马氏体。马氏体不锈钢在常温下是具有"铁磁性"的。

10 微波炉的心脏

腔磁控管（图 2-37）是微波炉（图 2-38）的重要组成部分，号称"微波炉的心脏"。1940 年，英国物理学家约翰·蓝道尔和哈利·布特在英国伯明翰大学发明了腔磁控管。腔磁控管主要由天线、磁铁、散热片、阴极和阳极组成，可产生短波长、超高频振荡的微波。微波耦合到食物后，可使食物里的水分子和其他极性分子高频旋转、相互作用产生热量，最终将电磁能转化为热能。

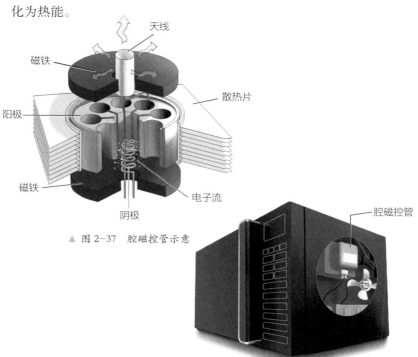

▲ 图 2-37 腔磁控管示意

▲ 图 2-38 微波炉

11 磁分离水处理装置

磁分离水处理装置用于处理污水（图 2-39），通过外加磁场的作用将水与污染物分离；还可用于污水处理后的硬度、离子浓度或悬浮颗粒的分布、结构和形貌等指标的测量。

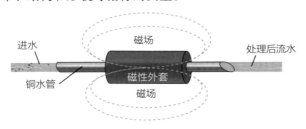

▲ 图 2-39 磁分离水处理装置示意

12 电火花开创的新时代——电动机的发明

1820 年丹麦物理学家、化学家汉斯·克海斯提安·奥斯特发现了电流可以产生磁力。两年后，物理学家、化学家迈克尔·法拉第发明了世界上第一台电动机。1834 年，德国数学家卡尔·雅可比发明了直流电动机。1888 年，塞尔维亚裔美籍发明家、物理学家、机械工程师、电气工程师尼古拉·特斯拉发明了交流电动机。

电动机又称马达，是指将电能转换为机械能的装置，主要由定子和转子两个基本部分组成。定子部分用于产生旋转磁场，转子部分用于产生感应电动势和感应电流，形成电磁转矩使电动机转动。电动机的凸极转子（图 2-40）主要由凸极转子、凸极和绕组构成，用于确保磁场波形稳定。可拆卸电动机（图 2-41）的主要组成部分有助于人们

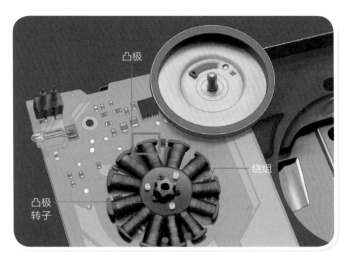

凸极

绕组

凸极
转子

▲ 图 2-40　电动机的凸极转子

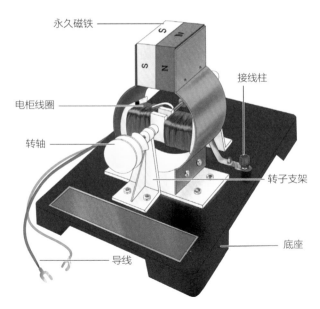

永久磁铁

接线柱

电柜线圈

转轴

转子支架

底座

导线

▲ 图 2-41　可拆卸电动机示意

进一步了解其硬件结构。

电动机可被分为直流电动机和交流电动机，其中直流电动机分为直流有刷电动机和直流无刷电动机。直流有刷电动机中内置电刷装置，主要用于直流电压和直流电流的引入、引出，其优势是控制简单。直流无刷电动机主要由固定电枢和绕其旋转的永磁体组成，其优势是不用将电源连接到移动电枢。

13 电火花开创的新时代——发电机的发明

世界上第一台电磁发电机——法拉第圆盘发电机由英国物理学家、化学家迈克尔·法拉第于 1831 年发明。发电机（图 2-42）是将机械能（包括动能、重力势能和弹性势能）转换成电能的电力装置，分为直流发电机和交流发电机。直流发电机设备主要应用于电镀、电解及充电等领域，交流发电机设备主要应用于工业备用或应急电源。

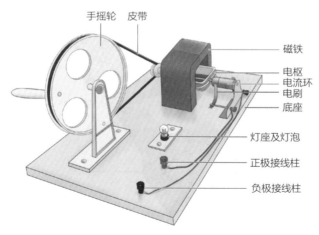

▲ 图 2-42 手摇发电机示意

14 磁制冷真的可以制冷吗

　　磁制冷是一种基于磁热效应原理的磁性材料冷却技术。磁热效应即在绝热过程中，磁性材料的温度随磁场强度的变化而变化的现象。例如，当稀土金属钆合金进入磁场时，被磁制冷样机磁化，钆合金温度上升放热；当钆合金退出磁场时，温度下降，达到制冷效果（图2-43）。与传统的气体压缩制冷相比，磁制冷更安全、噪声更小、制冷效率更高。

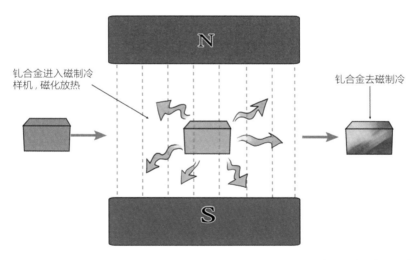

钆合金进入磁制冷样机，磁化放热

钆合金去磁制冷

▲ 图 2-43　钆合金在磁制冷样机内示意

15 超导磁体探秘

荷兰物理学家海克·卡末林·昂内斯于 1911 年发现温度降至 4.2 K 时，汞的电阻突变为零，人们将该温度称为临界温度。目前，科学家已发现诸多金属和合金具有类似的性质，昂内斯将这种特殊的导电性能称为超导态，超导体则是处于超导态的导体材料。在某一特殊温度下，直流电阻率突然消失的现象称为"零电阻效应"。

超导磁体是由超导线圈制成的电磁体，可同时兼顾磁性和超导性。例如，7 T 水平孔超导磁体（图 2–44）通过超导磁体在水平孔中心位置的成像球形区域内产生均匀的空间磁场，同时基于低温超导技术确保其成像质量。目前，超导磁体主要用于医院的核磁共振扫描仪，实验室的核磁共振谱仪、质谱仪以及聚变反应堆和粒子加速器等设备中。

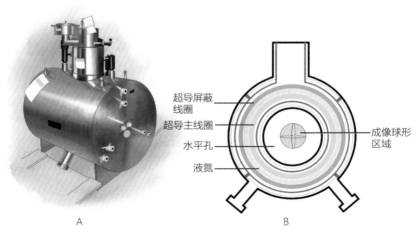

超导屏蔽线圈
超导主线圈
水平孔
液氮
成像球形区域

A   B

▲ 图 2-44 7T 水平孔超导磁体（A）及横截面（B）示意

16　什么是超导磁储能

　　超导磁储能系统通过将超导线圈冷却至低于超导的临界温度，将能量直接储存在超导线圈产生的磁场中。超导磁储能系统包括低温容器、变流装置、超导线圈、测控系统部件与制冷系统。超导磁储能系统基于"超导体"的"零电阻效应"，通过电力电子换流器和其组成的电力系统接口的低损耗和迅速交互作用，不但可以实现无损耗的保存电能，还可以改善供电质量、提高系统稳定性和扩展系统容量。

17　磁悬浮大揭秘

　　磁悬浮是指利用磁力克服重力，使物体受力平衡，进而达到悬浮状态的一种技术。例如，超导材料上的立方体磁铁处于悬浮状态（图2-45）。目前，磁悬浮技术相对于其他悬浮技术已经发展得较为成熟，新型磁悬浮列车的发明便是令人瞩目的成果，其主要组成部分包括无接触的磁力支承、导向磁铁和线性驱动控制系统（图2-46）。

　　目前，我国已有上海磁悬浮列车和长沙公交磁悬浮列车两条线路商业运行。上海磁悬浮列车的车型

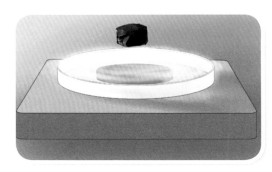

▲ 图2-45　磁体悬浮在超导体上（由液氮冷却）示意

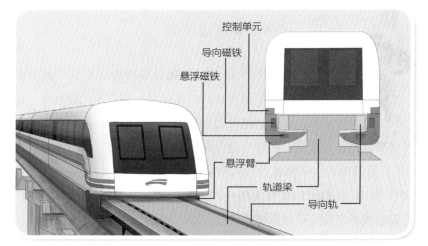

图 2-46　磁悬浮列车的主要组成示意

与德国 TR08 型磁浮列车基本一致，由 4 节车厢组成，线路总长约 30
千米。长沙磁悬浮列车是中国首批拥有独立自主知识产权的磁悬浮
列车，全线设磁浮高铁站、磁浮榔梨站和磁浮机场站 3 个车站，全
长 18.55 千米。列车运行平稳、安静、无噪声，磁辐射强度比电视机、
电磁炉和微波炉还低。

18　磁约束聚变现象

　　磁约束聚变是一种使用磁场限制热核聚变燃料产生热核聚变的方
法。托卡马克是一种利用强大的磁场将热等离子体限制在圆环中的装
置（图 2-47），利用磁约束实现受控核聚变。磁体系统（图 2-48）是
其主机部分的核心部分之一。目前，我国在托卡马克方面的研究成果
主要有：中国环流器一号／新一号（HL-1/1M），中国环流器二号 A

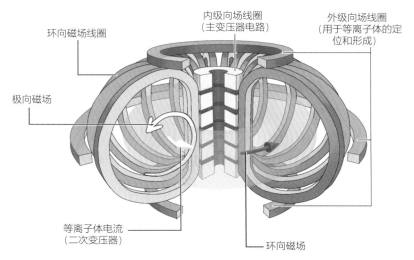

▲ 图 2-47　托卡马克的磁场示意

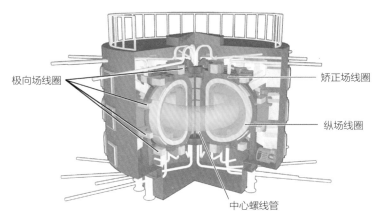

▲ 图 2-48　托卡马克磁体系统示意

（HL-2A）及其改进型 HL-2M 装置。国际托卡马克热核实验反应堆于 2013 年开始建设，预计将于 2035 年开始运行。

19　核磁共振波谱仪的奥秘

　　核磁共振波谱主要分为氢谱和碳谱两类原子核波谱。此技术主要基于样品中核自旋共振频率的化学位移原理，可用于研究物理和化学反应机理，还可以用于研究蛋白质和核酸的结构与功能。

　　核磁共振波谱仪（图 2-49）基于核磁共振的基本原理研制而成，可分为高分辨核磁共振波谱仪（主要用于有机分析中液体样品的测量）和宽谱线核磁共振波谱仪（主要用于物理学领域中固体样品的测量）。

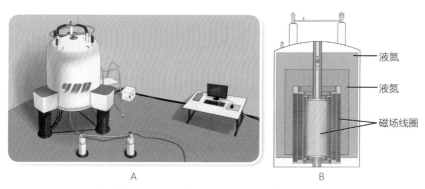

▲ 图 2-49　核磁共振波谱仪（A）及其内部结构（B）示意

参考文献

［1］陈晋. 钕铁硼永磁材料的生产应用及发展前景［J］. 铸造技术，2012，
　　（4）：24-26.

［2］杨玉梅. 稀土永磁材料的研究与应用［J］. 中国粉体工业，2020（2）：
　　27-30.

［3］张苏江，张立伟，张彦文. 国内外稀土矿产资源及其分布概述［J］. 无
　　机盐工业，2020，52（1）：9-16.

［4］刘玉红. 软磁铁氧体材料的现状及其发展趋势［J］. 材料导报，2000（7）：
　　30-31.

［5］廖钟财，杨建成，吕欢欢，等. 骨细胞 MLO-Y4 在不同强度静磁场下的
　　生物学效应［J］. 航天医学与医学工程，2019，32（4）：283-290.

［6］Zhang J，Meng X，Ding C，et al. Regulation of osteoclast differentiation by
　　static magnetic fields［J］. Electromagn. Biol. Med.，2017，36（1）：8-19.

［7］Xue Y，Yang J，Luo J，et al. Disorder of iron metabolism inhibits the recovery
　　of unloading-induced bone loss in hypomagnetic field［J］. J. Bone Miner.
　　Res.，2019，35（3）：1-11.

［8］Yang J，Meng X，Dong D，et al. Iron overload involved in the enhancement of
　　unloading-induced bone loss by hypomagnetic field［J］. Bone，2018（114）：
　　235-245.

［9］Jia B，Xie L，Zheng Q，et al. A hypomagnetic field aggravates bone loss
　　induced by hindlimb unloading in rat femurs［J］. PLoS One，2014，9（8）：
　　e105604.

［10］Wang S，Luo J，Lv H，et al. Safety of exposure to high static magnetic fields

（2 T–12 T）: a study on mice［J］. Eur. Radiol., 2019, 29（11）: 6029–6037.

［11］Huyan T, Peng H, Cai S, et al. Transcriptome analysis reveals the negative effect of 16 T high static magnetic field on osteoclastogenesis of RAW264. 7 cells［J］. BioMed. Res. International, 2020, online.

［12］Dong D, Yang J, Zhang G, et al. 16 T high static magnetic field inhibits receptor activator of nuclear factor kappa-B ligand induced osteoclast differentiation by regulating iron metabolism in Raw264.7 cells［J］. J. Tissue Eng Regen. Med., 2019, 13（12）: 2181–2190.

［13］杨宪园，王哲，丁冲，等. 大梯度强磁场环境下细胞培养条件优化（英文）［J］. 航天医学与医学工程，2015，28（2）：79–84.

［14］王红强，金海强. "零磁空间"的奥秘［J］. 城市与减灾，2015（4）：36–38.

［15］车晓芳. 磁场测量技术的发展与应用［J］. 湖北科技学院学报，2014，34（10）：11–12.

［16］杨会平. 一维磁通门磁力计的研究［D］. 武汉：华中科技大学，2005.

［17］王肇和. 核磁共振磁强计现状及发展趋势［J］. 电测与仪表，1984（3）：3–8.

［18］宋利辉. 阴极射线管分析及应用［J］. 现代工业经济和信息化，2017，7（3）：45–46.

［19］天歌.《实用扬声器技术手册》出版［J］. 应用声学，2003（4）：32.

［20］徐劳立，刘宇星，王越. 磁控管微波振荡［J］. 物理与工程，2015，25（5）：47–49.

［21］寺岛泰，尾崎博明，内野和博，等. 高梯度磁分离及其在水处理方面的应用（摘要）［J］. 重庆环境保护，1982（1）：49–62.

［22］钱苏昕，戴巍，鱼剑琳，等. 磁制冷核心问题及高效利用新方式［J］. 制冷学报，2020，41（3）：11–24.

［23］Tixador P，Bellin B，Deleglise M，et al. Design of a 800 kJ HTS SMES［J］. IEEE Transactions on Applied Superconductivity，2005，15（2）：1907– 1910.

［24］长沙磁浮快线工程［J］. 城乡建设，2019（20）：70–71.

［25］杨青巍，丁玄同，严龙文，等. 受控热核聚变研究进展［J］. 中国核电，2019，12（5）：507–513.

［26］郗红娟，靳岚. 核磁共振波谱法在药物分析中的应用［J］. 药物生物技术，2013，20（5）：453–457.

第三章

解锁生命中的磁密码

迄今为止，地球是人类所知的唯一存在生命的星球。地球磁场除了发挥屏蔽太阳风和宇宙辐射的作用，还对地球上的人类、动物、植物和微生物的各种生命活动过程产生了潜移默化的影响。本章将带领读者走进世界"长寿村"，同那些具有磁感应本能的候鸟、定向排列的趋磁细菌等生物，一起解锁生命中的磁密码。

第一节　　磁场与生命健康

1　谁是地球的保护伞

　　磁场孕育了地球上的生命。与阳光、空气和水一样，磁是人类生存不可或缺的生命环境物质要素。地球磁场延伸到地球之外，形成了一道天然的保护屏障，不仅能抵御太阳风的冲击，还阻挡了宇宙辐射的侵袭。对地球表面的各种生命活动而言，地球磁场就像一把"保护伞"，环罩在地球外面，使地表环境适合人类和其他生物生存。

　　20 世纪 60 年代，科学家利用人造卫星探测发现，太阳连续发射的高能粒子流遭到地球磁场的阻止，在地球外围的一定范围内形成一个彗星状的、被太阳风包裹的地球磁场区域，即地球磁层（图 3-1）。在地球磁层内，地球磁场捕获了大量来自太阳和星际空间的带电粒子，构成了两个辐射状磁尾。在背向太阳的一面，地球磁感线和磁层中的其他带电粒子一起"流"向一二百万千米外的空间，从而保护了地球生物免遭宇宙高能粒子流的辐射杀伤。

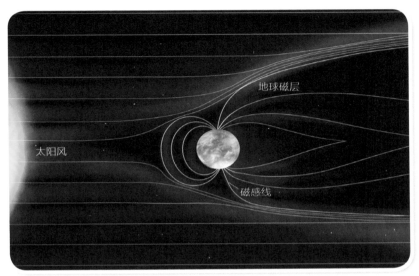

▲ 图 3-1　太阳风与地球磁层示意

2　地球磁场与人类健康的关系

　　在经济高速发展的 21 世纪，城市里用钢筋和水泥筑成的高楼大厦鳞次栉比，公路上车如潮涌，电线、电缆、变压器、雷达站、电视接收塔等密集如网。很多地方都形成了磁屏蔽空间，削弱或遮断了地球磁场，扰乱了其对人体的作用，干扰了人体正常的磁场能量交换。一旦地球磁场发生变化，人体的健康稳态就会受到很大的影响。例如，细胞过早衰老、生长发育迟缓、生理功能减退、血液黏稠度增加，尤其是心脑血管疾病、慢性疲劳综合征皆与人体磁场存在一定联系。

3　"缺磁"对人体的影响

　　地球磁场（25～65 μT）属于较弱的静磁场，是各种生物体生长、进化过程中所依赖的物理能量场。如果机体中微量的磁性物质失去了磁性，可能会导致生物功能紊乱甚至丧失。

　　例如，血液缺磁会改变红细胞的变形能力和聚集性，形成"缗钱状"链。"缗钱状"链之间又相互吸引形成团状或网状结构（图 3-2），导致血液黏稠度增加、微循环不畅。组织器官长期缺血、缺氧可能会引发病变，严重时会出现血脉阻塞，形成血栓。

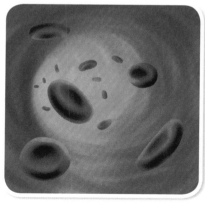
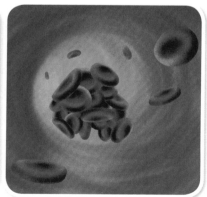

A　　　　　　　　　　　　　B

▲ 图 3-2　正常状态（A）与缺磁状态（B）下的红细胞

4 世界五大"长寿村"

　　1991 年 11 月，国际自然医学会正式宣布，中国的广西巴马、新疆和田，亚美尼亚的高加索地区，巴基斯坦的罕萨和厄瓜多尔的比尔卡班巴为世界五大"长寿村"（图 3-3 ~ 图 3-7）。这 5 个地区，百岁老人的人口数量分布较多，且居民平均寿命普遍高于世界其他国家和地区。中外科学家对这 5 个地区进行了长期的考察和研究，发现这 5 个地区的地理位置、气候环境、生活习惯都

▲ 图 3-3　中国广西巴马

▲ 图 3-4　中国新疆和田

▲ 图 3-5　亚美尼亚高加索地区

▲ 图 3-6　巴基斯坦罕萨

各不相同，但它们的地球磁场强度却有共同的特点："长寿村"的地球磁场强度（60～70 μT）明显高于世界其他地区（25～65 μT）。

▲ 图 3-7　厄瓜多尔比尔卡班巴

5　为什么巴马的地球磁场强度高呢

　　在巴马的盘阳河下有一条断裂带，直接切过地球地幔层，导致地球磁场强度升高（图 3-8）。地球一般地区的磁场强度约为 25 μT，而巴马的地球磁场强度高达 58 μT，是其他地区的两倍多。合适的地球磁场环境为人类的生存提供了有益的自然能量，再加上当地得天独厚的空气、水源等自然条件，使生活在这里的居民血液纯净且循环无障碍，血氧饱和度高，心脑血管疾病发生率低，自然能够健康长寿。

▼ 图 3-8　中国广西巴马俯瞰图

第二节　磁场与动物

1　候鸟在迁徙旅途中如何辨别方位

新疆地处西伯利亚（鸟类繁殖地）和南亚印度次大陆（鸟类越冬地）之间，是候鸟迁徙的必经之路。每逢春秋两季，在新疆上空都能见到各类候鸟优美的身影（图3-9）。从新西兰、澳大利亚飞来的雁鸭类、鸻鹬类候鸟最早来到新疆，它们是迁徙候鸟群的"先头部队"。从中国南部及南亚等地赶来的雁鸭类也会在一个月后陆续到达新疆。

▼ 图3-9　候鸟南迁

这样年复一年的远足，候鸟是如何做到准确无误的？

在南来北往飞越数千千米的迁徙过程中，候鸟可以依靠太阳、星星的方位和地球磁场来定位。近年来，候鸟在东西方向的迁徙过程中，如何辨别方位的谜底被揭开了。德国神经生物学家和英国、俄罗斯科学家合作，首次证实了候鸟可以通过感知地理北极与磁北极偏角来确定经度。实验过程中，苇莺能够不断调整飞行方向以适应磁场的变化，朝目的地飞去。在该实验中，科学家还发现，未成年的苇莺识别磁偏角的能力差一些。这也证实了科学家一直以来的看法：候鸟也必须通过学习，才能具备利用磁场地图来定位的能力！

2　北极燕鸥——世界飞行冠军

北极燕鸥是一种体态轻盈的海上精灵，能进行长距离的飞行。当北半球是夏季的时候，它们在加拿大的北极圈至美国的马萨诸塞州地区活动。当冬季来临时，沿岸的水结了冰，北极燕鸥便开始了南下旅途，越过赤道，绕地球半周，来到世界的另一头——南极，在这里享受南半球的夏季。直到南半球冬季来临，它们才再次北飞，回到北极。

在所有的迁徙动物中，北极燕鸥长途跋涉的本领是独一无二的。在这漫长的迁徙途中，北极燕鸥为何具有如此惊人的定向回飞能力呢？科学家认为，不能简单地把这种现象解释为鸟类的本能或习性。北极燕鸥可以利用太阳的轨迹、暮光中的偏振光和磁场来确定方位。近年来，人们开始窥见，北极燕鸥等候鸟可以利用被爱因斯坦认为鬼魅的"量子纠缠效应""看见"磁场（图3–10）。

西　西北　北　东北　东

A

B

▲ 图3–10　北极燕鸥（B）及其视角中可能的景象（A）

3　信鸽如何做到"知来路，识归途"

　　经过数十年的观察研究，新西兰科学家首次证明鸽子具有磁感知能力。就像拥有了一个简易的磁性罗盘，鸽子可以利用地球磁场进行导航。

　　包括信鸽在内的许多鸟类，都可以利用地球的"磁场地图"来判断自己的绝对位置和相对位置，这是科学家比较一致的看法。磁感线在地球两个磁极的位置时，方向垂直于地平面；到了南北回归线以内，方向由垂直转为平行。除此之外，地球磁场强度的变化与纬度相关：纬度越高，磁场强度就相对越强；越接近赤道地区，磁场强度就相对越弱。方向和强度不同的磁场形成了一个个地球磁场路标。有大量证据表明，鸟类可以借助这种地球磁场路标为自己导航。

虽然信鸽"识归途"是综合因素的结果，但是地球磁场在此过程中发挥了重要作用。科学家还发现了一个有趣的结果：随着环境的变化，它们可以适当地调整自己的"导航系统"。例如，鸽子在晴天会用太阳作为罗盘，但是遇上阴天，它们就主要依据感应到的地球磁场信号导航（图3-11）。

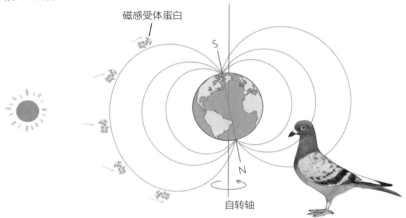

▲ 图 3-11　信鸽的磁感受生物模型之一

4　最美丽的空中迁徙

如果说陆地上最壮观的动物迁徙是角马和羚羊在非洲坦桑尼亚的塞伦盖蒂和肯尼亚的马赛马拉两个大草原之间的往返，海洋里最惊叹的动物迁徙是数亿条沙丁鱼在南非南部海岸掀起的风暴，那么空中最美丽的动物迁徙就非帝王蝶莫属了。

帝王蝶，学名黑脉金斑蝶，色彩如它的名字一般斑斓（图3-12）。这些风度翩翩的舞者每年都要在墨西哥中部、美国东北部和加拿大南部之间上演总距离长达 4000 多千米的长途大迁徙，是世界上唯一能进行超长距离、定期迁徙的蝴蝶。

有趣的是，帝王蝶的迁徙活动是由 3～5 代帝王蝶用"生命接力"的方式完成的。每年春季，在墨西哥过完冬的第一代帝王蝶便开始向北回归，到达美国得克萨斯或俄克拉荷马后开始繁育后代。第二～第四代帝王蝶一边繁衍一边继续北上，耗时约 6 个月到达加拿大。但是南迁时的情况有所不同。每年 8 月至初霜，千万只"超级帝王蝶"成群结队地从加拿大东岸出发，一鼓作气到达墨西哥并在此过冬。它们的寿命长达 8 个月之久。

长期以来，科学家一致认为昆虫是利用大脑中的"太阳指南针"进行导航的，但是帝王蝶在阴天的情况下仍能精确迁徙。2011 年的一项研究结果揭开了帝王蝶万里迁徙的奥秘。原来，它们的触角里有一种光敏磁场探测器，使其能够探测到磁场。此项研究之后，帝王蝶便加入了地球磁场导航物种之列，这也是迄今发现的第一种使用地球磁场导航的远途迁移昆虫。

▼ 图 3-12　帝王蝶及墨西哥蝴蝶谷景象

5　不会迷路的夜行侠

目前，人们针对鸟类的地球磁场导航机制有较为广泛和深入的研究，而关于哺乳动物地球磁场导航的研究成果则较少，仅有鼹鼠和蝙蝠被证实是利用地球磁场定向的。蝙蝠（图 3-13）是唯一一类具有飞翔能力的哺乳动物，它的导航能力绝不仅限于回声定位。关于蝙蝠感磁机理的研究有助于人们认识哺乳动物的导航能力，具有重要的分类地位和研究意义。

2011 年，中国科学院地质与地球物理研究所在"磁铁矿假说"的基础上，对蝙蝠体内的磁受体进行了岩石磁学和生物组织学定位研究。研究发现，迁徙性蝙蝠的脑组织内有较高含量的磁性颗粒，且含铁矿物明显分布在具有记忆及空间定位功能的海马区域。4 年后，在前期对蝙蝠体内磁受体研究的基础上，研究人员通过模拟不同强度和方向的磁场条件，研究蝙蝠感应磁场的能力。结果表明，蝙蝠能够通过体内磁受体感应到非常微弱的磁场（10 ~ 100 μT）。这也表明，蝙蝠在全世界磁场范围（25 ~ 65 μT）内都能够正确飞行。即使在低磁场强度区域，也不会迷失方向。

▲ 图 3-13　蝙蝠

6 小小的欧洲鳗鲡如何在洋流中跨越两个大陆、精准定位

　　欧洲鳗鲡（图 3-14）孵化于美洲大陆东岸附近的马尾藻海域。幼小的它们会随着洋流抵达欧洲大陆的斯堪的纳维亚半岛，在那里的淡水栖息地生长至成年。对欧洲鳗鲡来说，这段接近 1 万千米的距离不仅连接着它们的两个家乡，还连接着生与死。即便对于体型较大的动物来说，在一两年内只身跨越两个大陆也是一个巨大的挑战，这小小的鳗鲡是如何实现的呢？

　　美国国家海洋和大气管理局与英国阿伯里斯特威斯大学生物、环境和农村科学研究所共同合作，解开了这个谜团。他们发现，小鳗鲡是通过感知地球磁场强度和倾斜角来导航的。与大马哈鱼和海龟不同的是，它们导航的目的地不是某个固定地点，而是动态的洋流。在旅途中，机智的小鳗鲡会根据磁场信息灵活地调整游动方向，以便快速搭上"顺风车"，乘着湾流前往欧洲。

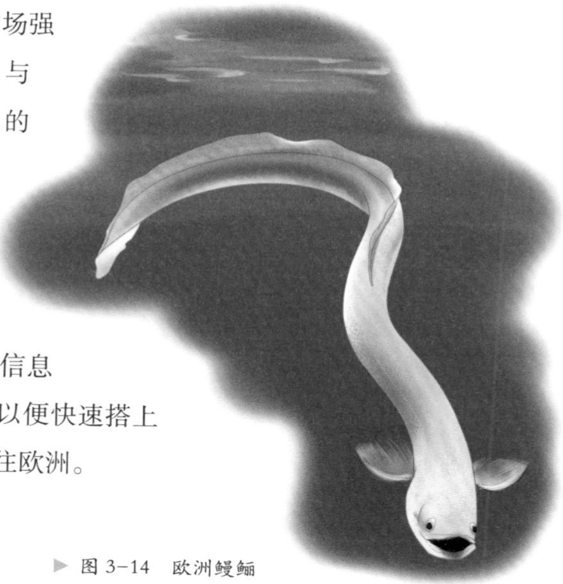

▶ 图 3-14　欧洲鳗鲡

7　座头鲸直线洄游的奥秘

座头鲸（图 3-15）是已知的哺乳动物中迁徙距离最长的物种，每年洄游的距离可达上万英里（1 英里 ≈ 1.609 千米）。路途虽远，但它们从来不会迷路，而且洄游的路线几乎是直线。

对体型庞大的座头鲸来说，填饱肚子比一切都重要。每年夏季，极地海域中的氧气和营养物质都变得极其丰富，促使微小植物等浮游生物的"大暴发"。对于那些庞然大物来说，这是一场不可错过的"饕餮盛宴"。因此，座头鲸从热带或亚热带水域洄游至南极冰原附近或北纬65°的广阔海面进行捕食。不过，幸福时刻总是短暂的。当海水温度下降时，浮游生物便会到海底休眠，酒足饭饱后的座头鲸便沿直线迁徙至温暖的低纬度海域，进行交配和产仔。

坎特伯雷大学的专家指出，座头鲸主要依靠"身外之物"进行导航。它们可以结合太阳的位置、地球磁场和星图来指引航程。

▲ 图 3-15　座头鲸

8 归乡途中，海龟如何保持方向

　　美国北卡罗来纳大学的生物学研究小组发现，海龟（图3-16）之所以能在长途迁徙中保持方向感，是因为它们能"敏感"地感知不同地理位置间地球磁场强度、方向的微妙变化。

　　在它们跨越大西洋迁徙的路途中，几乎所有区域的地球磁场强度和磁偏角参数都是唯一的。研究人员用计算机控制线圈产生磁场，来模拟海龟迁徙途中不同地理位置的磁场。当模拟出大西洋西岸哥斯达黎加附近海域的地球磁场时，小海龟便朝着东北方向游动；当模拟的地球磁场是大西洋东侧佛得角群岛附近时，小海龟则朝着西南方向游去。这表明，这些海龟可以通过感知地球磁场的变化，对纬度、经度作出准确判断，以准确无误地返回目的地。

▲ 图3-16　海龟

9　螃蟹以前就是如此"横行霸道"的吗

地球磁场学专家研究发现，螃蟹的祖先并非如今这般"横行霸道"，后代的"横行"也并非出于自愿，它们的横行习性与地球磁场的变化有关。螃蟹是一种古老的洄游性动物，内耳中有一对地球磁场敏感的定向小磁粒。亿万年前，螃蟹的祖先就靠自己携带的"指南针"前爬后退，风度翩翩。由于地核与地壳自转角速度不同步，在之后漫长的岁月中，地球磁场发生了数次剧烈逆转，螃蟹平衡囊中的小磁粒也随之变化，失去了定向作用。为了适应环境，螃蟹采取了"以不变应万变"的做法，干脆不前进也不后退，这才出现了它的子孙后代"横行于世"的现状。这也是动物在自然界"适者生存，优胜劣汰"适应自然环境变化的典型例证了。

从生物学的角度看，螃蟹的胸部左右比前后宽，整个身体呈宽宽的扁平状，8只步行足长在身体两侧，并且它的前足关节只能上下活动，这些结构特征使"横行"成为螃蟹效率最高的出行方式（图3-17）。

◀ 图3-17　横行的螃蟹

10　驯鹿的漫漫迁徙之路

　　驯鹿能被圣诞老人选中是不无道理的。它们主要栖息于环北极地区的森林和冻土地带，是鹿科动物中的迁徙冠军，也是陆生哺乳动物中一年内迁徙路程最远的物种代表。每年暮春时节，气温回升，驯鹿便会离开越冬的亚北极地区森林和草原，穿过松软的苔原，北迁至采食地，并在那里为即将到来的冬季囤积脂肪（图 3-18）。

　　与欧洲驯鹿种群相比，北美的一些驯鹿种群迁徙距离较长，每年可迁徙 5000 千米。途中，驯鹿能通过视觉地标、磁场和太阳来确定迁徙路线，保证每年夏季返回苔原中的同一块繁殖地。

▼ 图 3-18　正在穿越苔原的驯鹿

第三节　磁场与植物

1 植物的直觉

以候鸟与海龟为代表的众多生物可以利用地球磁场来辅助视觉、听觉辨别方向，完成几千千米的长途迁徙。我们不禁疑惑：那些不需要迁徙的植物是否也能对变化的磁场作出响应？

植物学家、法国国家科研中心研究员玛格·丽特，利用拟南芥验证了植物直觉的存在。实验中，拟南芥因为磁场强度的不同而产生了不同的生长状态，并且只有在蓝光下生长的植物才会感应到磁场作用。简单地说，植物对磁场具有特别的敏感性，其中的蓝光受体——隐花色素蛋白可能起关键作用。

2 牵牛花茎为什么向左逆时针方向旋转缠绕向上

你是否细心观察过植物茎的旋转缠绕规律？牵牛花的茎向左旋转缠绕而上，缠绕方向为逆时针方向；有些植物如金银花、菟丝花等始终向右旋转，缠绕方向为顺时针方向；何首乌是"随心所欲"地转头，有时向左旋转，有时向右旋转。

远在亿万年前，有两种攀缘植物的始祖，一种生长在南半球，一种生长在北半球。为了获得更多的阳光和空间，它们茎的顶端就随时朝向东升西落的太阳。这样，生长在南半球的植物的茎就向右旋转，生长在北半球的植物的茎则向左旋转。经过漫长的适应、进化过程，它们旋转缠绕的方向特性被遗传下来。

　　根据以上分析不难发现，牵牛花茎的缠绕方向和生长方向跟螺线管中电流方向与其北极方向有同一性（图 3-19）。那么，牵牛花茎的缠绕方向与其周围的磁场是否有关系？这一问题还有待进一步研究。

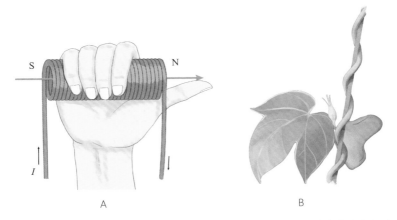

▲ 图 3-19　安培定则示意（A）和牵牛花的茎（B）

第四节　磁场与微生物

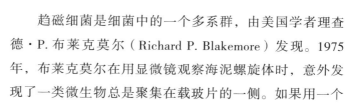

1　趋磁细菌——趋磁性微生物的古起源

　　趋磁细菌是细菌中的一个多系群，由美国学者理查德·P. 布莱克莫尔（Richard P. Blakemore）发现。1975年，布莱克莫尔在用显微镜观察海泥螺旋体时，意外发现了一类微生物总是聚集在载玻片的一侧。如果用一个小磁铁靠近载玻片，微生物则改变移动方向。他进一步研究发现，这些微生物的移动是由地球磁场引起的，并将其命名为趋磁细菌。趋磁细菌是一类能够感受外界磁场，并在其导向作用下定向排列或定向游弋的水生原核生物，广泛分布于水泊和沉积物的微好氧 / 厌氧环境中。目前发现的趋磁细菌都是革兰氏阴性菌，它们能在细胞内积累纳米级、链状排列、由生物膜包被的铁磁性晶体颗粒——磁小体。与其他细菌相似，趋磁细菌的游动主要借助自身的鞭毛驱动。

2　趋磁细菌的趋磁特性

　　趋磁细菌虽然形态多样，分布广泛，但是它们具有最统一、最明显的特征——磁小体，其主要成分为四氧化三铁（Fe_3O_4）或四硫化三铁（Fe_3S_4）。目前，大部分观点认为磁场并非直接决定趋磁细菌的运动方向，而是通过磁小体对菌体起定向作用。磁小体在细胞内通

常呈一条线型结构分布（图
3-20），从而保证了最大的磁
偶极矩以感应地球磁场。这
些微小的、具有磁性的磁小
体作为细菌的"生物磁针"
来辨别方向，最后利用鞭毛
进行移动。

磁小体

▲ 图 3-20　趋磁细菌及磁小体

3　趋磁细菌的广阔前景

生物学中的应用：地球上形形色色的生命活动都在地球磁场的影响下进行着，并且许多生物对这种影响表现出一定的反应，如生物导航。由于趋磁细菌具有沿磁场方向定向运动且结构简单的特性，可以作为研究生物体内磁性纳米颗粒的功能和机理的模式材料。

重金属废水处理中的应用：由于重金属在自然界无法通过生物降解或自净作用自然消除，因此，重金属的排放极易造成水体污染和人体损伤。在外加磁场的作用下，利用趋磁细菌对重金属进行吸附处理，可以有效地去除废水中的铁、镍、铬等重金属元素。

地质学中的应用：趋磁细菌中磁小体的形成与环境密切相关。例如，通过生物矿化、菌体调节周围微环境的物理化学条件，或者在细胞内形成矿物晶体。趋磁细菌死亡后，磁小体沉降转化为化石，可以记录沉积时期地球磁场的信息。

第五节　神秘的磁感应现象

1 生物磁感应传统假说

人类在发明指南针之前似乎完全没有意识到地球磁场的存在，而以候鸟为代表的多种生物，却能凭借自身拥有的感应磁场的神奇本能，完成几千千米的长途迁徙。半个世纪以来，众多科学家为了解锁生物磁感应领域的密码而不断努力，最终形成了两个传统假说，它们分别是"磁铁矿假说"和"自由基对假说"。

（1）磁铁矿假说

某些生物体细胞中含有成簇的微小磁铁矿晶体颗粒，当存在外部磁场时，磁铁矿颗粒因被迅速磁化而沿着磁感线方向整齐排列。这些磁铁矿颗粒的簇阵列会随着外磁场方向的变化而改变，不同程度地触发下游的信号通路，将磁场信息逐级传递给中枢神经系统。

（2）自由基对假说

自由基对假说的主要观点是磁场可以影响自由基对自旋状态的转换过程，这一过程可能被动物用来感知磁场变化。假说认为，生物体内的隐花色素蛋白在受到特定波长的光（蓝光）刺激之后发生电子转移，产生一对临时配对的自由基。这个自由基对的自旋状态能随着磁场的变化而快速改变，生物体能在第一时间感受到变化的磁场信息。

2　磁感应领域的新假说

　　除了基于磁铁矿和自由基对的两种磁感应假说，2015年，北京大学谢灿团队提出了一种新的基于磁受体蛋白的生物指南针模型。

　　这种模型认为，该磁感受体棒状蛋白质复合物本身具有内禀磁矩，就像一个小磁棒有南北极，可以反映磁场方向。该假说和磁铁矿假说的观点相似，但磁感受体是蛋白质，不是铁矿石。作为光受体的隐花色素蛋白以不同比例缠绕在棒状多聚蛋白的外围，与磁感受体相互作用，从而实现"光磁耦合"。

第六节　磁场与人类活动

人类能感受到磁场的存在吗

　　既然越来越多的生物被发现具有感应磁场的能力，我们很自然地联想到人类是否有感应磁场的"第六感"？一些科学家证明，人类的视网膜细胞中含有丰富的隐花色素蛋白，人脑提取物中含有磁铁矿晶体。他们对这一假设给出了肯定的答案。更有研究将人的隐花色素蛋白基因导入此蛋白缺陷型的果蝇中，原先不能辨别方向的果蝇竟然具有了磁定向能力。

　　但有一个简单而直接的证据否定了这一假设：我们大多数人在陌生的环境中无法仅靠"第六感"找到正确的方向。即使人类拥有地球磁场的感应能力，也不会靠它来分辨东西南北吧！人类拥有良好的视力，习惯于白天活动，并且在长途旅行时，依靠手机导航、指南针和地图等工具。或许人类拥有获取磁信息的磁铁矿和色素蛋白，却丢失了处理磁信息的完整系统。

参考文献

［1］邹自明. 太阳风扰动的地磁响应与空间环境应用模式集成［D］. 合肥：中国科学技术大学，2014.

［2］Nikita C，Alexander P，Dmitry K，et al. Migratory eurasian reed warblers can use magnetic declination to solve the longitude problem［J］. Current. Bio.，2017（27）：2647-2651.

［3］Steven M R，Robert J G，Christine M. Navigational mechanisms of migrating monarch butterflies［J］. Trends. Neurosci.，2010，33（9）：399-406.

［4］田兰香，潘永信. 迁徙性蝙蝠的地磁导航研究［C］. 中国地球物理学会第二十七届年会论文集，2011（4）：177.

［5］Tian L X，Pan Y X，Metzner W，et al. Bats respond to very weak magnetic fields［J］. PLoS One，2015（4）：1-11.

［6］Lewis C N J，Nathan F P，Jessica F S，et al. A magnetic map leads juvenile european eels to the gulf stream［J］. Current. Biology.，2015（27）：1-5.

［7］Nathan F P，Courtney S E，Catherine M F L，et al. Longitude perception and bicoordinate magnetic maps in sea turtles［J］. Current. Biology，2011（21）：463-466.

［8］孙林. 地球磁场的变化与螃蟹横行［J］. 生物磁学，2002（2）：10.

［9］Margaret A，Nicholas G，Danielle L，et al. Action spectrum for cryptochrome dependent hypocotyl growth inhibition in Arabidopsis［J］. Plant Physiol.，2002（129）：774-785.

［10］Blakemore B R P. Magnetotactic Bacteria［J］. Science，1975（190）：377-379.

［11］何世颖，顾宁. 趋磁细菌及其应用于生物导航的研究进展［J］. 生物磁学，2006，6（1）：19-21.

［12］江森，马胜伟，吴洽儿. 趋磁细菌研究进展［J］. 生物学杂志，2017，34（5）：93-97.

［13］朱晓璐，王江云. 地磁场与生物的磁感应现象［J］. 自然杂志，2013，35（3）：200-206.

［14］Qin S Y, Yin H, Xie C. A magnetic protein biocompass［J］. Nat. Mater, 2015, 15（2）：217-226.

第四章

探究健康医疗的磁密码

人类从地球磁场中起源，并在地球磁场中繁衍生息。人体从器官、组织到细胞、分子都具有磁性，人体的生命活动也都伴随着磁场的变化而变化。经过长期的实践，人类已成功地将外加磁场应用于保护人体健康和医学实践。本章将以磁疗发展史为引子，展示磁科技手段在人类健康事业发展中的重要地位和作用。

第一节　磁在祖国医学中的发展与应用

　　中国是最早将磁性材料用于医疗实践的国家。祖国医学中的磁疗法萌芽于 2000 多年前的春秋战国时期。古往今来，医学家积累了丰富的磁治疗和磁保健的理论和经验。直到今天，中医学院还把《磁疗》作为中医优势治疗技术的课程。了解和认识磁疗法的发展史，是利用现代科学技术方法研究磁疗作用的基础，也是弘扬中国传统文化，增强民族自信心的需要。

1　什么叫磁疗技术

　　磁疗技术（简称磁疗）是运用磁场作用于人体的经络、穴位以及病变部位，从而预防和治疗某些疾病的一种方法。

2　中国的磁疗史有多久

　　中国是最早发现磁相关现象和应用磁性材料防病、治病的国家。中国的磁疗法起始于 2000 多年前并传承至今，积累了比较丰富的理论知识和实践经验。

3　中国是什么时候开始使用磁石的

　　春秋战国时期，扁鹊（图4-1）就开始使用磁石治病。当时，他使用具有磁性的矿石作为枕头，为人治疗偏头痛。同时还使用磁石治疗子宫脱垂等疾病。

▶ 图4-1　扁鹊画像

4　在古代，为什么把磁石称为慈石

　　早在成书于春秋时期的《管子》和先秦时期的《山海经》中，便有了关于"慈石"的记载。磁石一般指的是天然的磁铁矿。磁铁矿作为炼铁的重要原料，主要化学成分是四氧化三铁。在许多情况下，它能够吸引附近的强磁性物质，就好像慈爱的母亲把子女吸引到身旁一样，故把这样的天然磁铁矿石称为"慈石"。

5　古代使用磁石的方式有哪些

　　中国古代对磁石的使用大致可以分为内服磁石（春秋战国到唐代）和局部外用磁石（宋代到清代）两个阶段。内服磁石主要是使用磁石作为原材料制成磁丸或磁化水进行治疗，外用磁石主要是将磁石放置于病患处进行治疗。

6　古人是如何内服磁石的

① 秦汉时期，炼丹家就在炼丹使用的各种金石中加入了富有磁性的矿石，结合其他药物进行提炼并制成所谓可以长生的丹药。

② 汉代史学家司马迁所著《史记》中的《扁鹊仓公列传》内记有："齐王侍医遂病，自炼五石服之……"说明早在西汉初期，人们就使用"自炼五石"来治病。这其中的"五石"就包含磁石，其主要成分是四氧化三铁。

▲ 图 4-2　葛洪画像

③ 晋代医学家葛洪（图 4-2）所著《抱朴子》一书中记有："以诸药合火之，以转五石"，这里就记录了磁石被用于炼制丹药，为磁石药物内服提供了史料支撑。

④ 南北朝时期医学家陶弘景（图 4-3）所著《名医别录》一书中记有：磁石可"养肾脏、强筋骨、益精除烦，通关节，消痈肿鼠瘘，颈核喉痛，小儿惊痫"。其描述了磁石被用于多种疾病的治疗。同时，本书中也介绍了使用磁石炼水，可以起到防病治病的作用，这是磁化水最早的应用记录。

⑤ 清代医学家汪昂所著《医方集解》中记载了使用磁石的药方。例如，加上甘草、麦冬等中草药可用来治疗肾热。

▲ 图 4-3　陶弘景画像

7 古人是如何外用磁石的

① 唐代医药学家孙思邈（图4-4）所著《千金方》中记有："磁石赤缚之，止痛断血。"其描述的是外用磁石来治疗金疮出血等疾病。当时人们发现，磁石还具有止痛、止血的作用，磁石的医用范围也从内服汤剂扩大到外用至人体局部病变部位。

② 北宋医学家何希影在《圣惠方》一书中记有："治小儿误吞针，用磁石如枣核大，

▲ 图4-4 孙思邈画像

磨令光，钻作窍，丝穿令含，针自出。"通过文字详细记录了在体外使用磁石治疗孩子误吞针的过程。

③ 南宋严用和的《济生方》以及杨士瀛的《仁斋直指方论》等著作，都记载了使用磁石治疗听觉不聪等病症的案例。《济生方》中记有："真磁石一，豆大，……新棉裹塞耳中，口含生铁一块，觉耳中如风雨声，即通。"《仁斋直指方论》中则记有："吸铁石半钱，入病耳内，铁沙末入不病耳内，自然通透。"

④ 明代医学家李时珍（图4-5）在药学巨著《本草纲目》中记有："吸铁石三钱，金银藤四两，黄丹八两，香油一斤，如常煎膏贴之。"详细描述了如何使用磁石配合其他药物来治疗身体各种肿毒。

▲ 图4-5 李时珍画像

8　中国近代以来，磁疗的发展方向主要是什么

在中国近代时期，主要是将磁石用作中成药的原材料，有磁石丸、磁石散和磁石酒等，在使用方式上有汤药内服，也有研末调涂外用。同时，也开始从丸散丹膏的使用慢慢转变为单纯磁场的使用。

9　中华人民共和国成立后，哪本著作最早记录了磁石的用途

1956 年出版的《中国药学大辞典》中详细记述了磁石的种类和用法、磁石的主治病症以及用于治疗的方剂的多种制作方法，同时列举了磁石在医药上的 10 多种用途。

10　中国近代以来，对于磁疗法记载的著作有哪些

中国近代以来，关于磁疗法的使用记录也有很多。其中，代表性的著作主要有：1956 年出版的《中国药学大辞典》、1963 年出版的《中华人民共和国药典》、1979 年出版的《磁疗法》、1984 年出版的《康复医学》和 2009 年出版的《磁医学的崛起》。

11 世界上第一部磁疗论著是谁编写的

世界上第一部磁疗论著——《磁疗法》于 1979 年出版，由陈植、胡梅村编写。书中记录了一些使用磁场治疗疾病的应用案例。例如，对几例白细胞偏低的患者使用低磁场进行治疗，发现其中大多数患者的白细胞数均有不同程度的上升。

12 在我国磁疗发展中，外加磁场的应用有哪些

① 1973 年，湖南省医务人员通过使用钐钴合金制作成的磁片贴敷在病灶部位，来达到治疗疾病的目的。

② 1974 年，北京积水潭医院将旋转磁疗机应用到临床疾病治疗中，旋转磁场的应用大大缩短了一些疾病的疗程。这表明，除静磁场外将动磁场应用于疾病治疗的方法是可行的。这也是磁疗技术和疗效上的一次大的跨越。

③ 1979 年，湖南省医务人员使用稀土钴永磁体制成永磁吸取器，在临床中用于吸出肢体或躯干软组织内的铁性异物，使用永磁体来取代电磁铁。

④ 1984 年，武汉军区总医院开展磁场对肿瘤细胞的作用效果研究，在外加磁场作用下培养细胞，发现中心磁场区的肿瘤细胞全部脱落，但是原代细胞生长完好，不受影响。

⑤ 1985 年，在第一届全国生物磁学会议上，展示了多种治疗颈椎病和增生性脊柱炎的磁疗法。通过使用电磁疗法和贴敷法，颈椎病的治疗有效率可达 88.2%，增生性脊柱炎的治疗有效率可达 66.7%。

第二节　国外磁与医学的发展与应用

　　国外将磁应用于医学的最早记录是在 1 世纪，比中国最早的记录晚 400 多年。磁在医学中的应用同样也经历了从内服到外用磁石，到一般永磁保健产品，再到利用现代科学技术和新材料研制新仪器设备的发展过程。

1　国外关于磁疗使用的最早记录是什么时候

　　国外最早使用磁疗法治病的医生是 1 世纪的加仑，他将磁石作为止泻药应用到临床中治疗腹泻。

2　国外关于磁疗法的应用有哪些

❶ 5 世纪，古罗马医生艾蒂尤斯记录有：可以使用磁石来治疗手足疼痛、痉挛以及惊厥，帮助患者减轻疼痛、缓解病症。

❷ 11 世纪，阿拉伯医学家阿维森纳通过使用磁石来治疗肝病以及脾脏疾病，同时还将磁石应用到水肿和秃头等病症的治疗中。

❸ 14 世纪的马塞吕和 16 世纪的莱奥纳迪通过临床发现使用磁石可以止痛，并用其来治疗牙痛。

④ 15 世纪，德国医生帕拉歇卢通过使用磁石来治疗疝气、水肿和黄疸等疾病。

⑤ 1798 年，英国医生帕金斯制造了世界上最早的电磁治疗设备，在通电后可以用于治疗多种疼痛性疾病。

⑥ 20 世纪 40 年代，苏联在卫国战争中应用磁疗法治疗某些战后伤病疼痛，帮助士兵缓解症状。

⑦ 20 世纪 50 年代日本的研究报告显示，使用磁性金珠银珠贴敷穴位，可以治疗神经衰弱和胃肠炎等多种疾病。

3 国外关于磁疗的研究有哪些

① 20 世纪 70 年代，美国、苏联、日本、法国、英国等 10 多个国家相继开展了关于生物磁学的多种实验研究，希望利用生物磁场来治疗各种疾病，磁疗的各项关键技术得到了快速发展。

② 20 世纪 70 年代，美国的罗伯特·巴克尔教授和罗德里·巴斯特教授探究了外加电磁场的疗效。通过实验研究发现，外加电磁场可以诱发成熟老鼠的四肢加速再生。

③ 1973 年，美国医疗工作者在肿瘤患者体内，向为肿瘤供血的血管里注入铁颗粒，在体外相应血管位置放置磁铁。通过磁力吸引使该处的血液发生凝结，从而切断肿瘤的血液供应，使肿瘤细胞因缺乏营养而坏死。

④ 1983 年，日本首次成功研制出了第三代稀土永磁体，即钕铁硼永磁材料，该材料在多个领域中具有广泛的应用。

4　现代磁疗产品的发展是从何时开始的

　　从 20 世纪初开始，各种磁疗椅、磁疗床、磁疗帽以及与磁疗相关的装置器件等相继出现并持续发展。同时，人们对于磁疗中磁场的使用也从单一的静磁场扩展到多种类、多强度、多维度的动磁场，磁疗产品的技术手段越来越丰富。

第三节　磁场的安全性

　　人类对磁的认识过程，是一个从敬畏到了解，再到科学化阐明和工程化应用的过程。从古至今，随着科学技术的发展，各种各样的磁场在生产和生活中的使用方式层出不穷。磁场对人体的安全性自然成为人们首先关注的问题。电厂和高压输电线附近的电磁场对人体安全吗？手机的电磁场安全吗？做一次磁共振成像检查的强磁场暴露对人体安全吗？……这些与生产、生活和医疗密切相关的问题，都需要科学地回答和解释。

1 　静磁场是安全的吗

　　静磁场又称稳恒磁场，主要是指磁场强度和方向不随时间而变化的磁场，如稀土永磁铁等产生的磁场。这一类磁场除磁感线外，无其他任何辐射，大量的实验也证明这类磁场是安全的。同时，静磁场也可以通过电场产生，即由直流电流产生。

2 强静磁场对于生物体的安全性是怎样的

中国科学院合肥物质科学研究院强磁场科学中心的张欣团队对强静磁场的相关安全性进行的研究表明，3.5～23.0 T 的静磁场暴露 2 小时不会对小鼠产生严重的影响。西北工业大学商澎团队在强静磁场安全性方面也做了大量的研究，并取得了一定成果。其研究表明，暴露于强静磁场（2～12.0 T）28 天对小鼠的生理指标没有显著影响。这些实验研究表明，稳态强静磁场对于生物体是安全的，为强静磁场在未来生物医学中的应用提供了一些理论依据。

3 身边的哪些磁场是安全的

日常生活中，我们经常接触和使用的磁场是由稀土钕铁硼等材料制成的永磁体。这类永磁体所产生的磁场一般小于 400 mT，一般都是安全的。另外一类就是我们使用的各种电子设备产生的电磁场，虽然一般存在一定的电磁辐射，但都是在国家标准规定的安全范围内。本书后续会进一步解释说明。

4 核磁共振检查对人体有没有伤害

1998 年 11 月 14 日，美国食品药品监督管理局发布的核磁共振仪的安全指引文件中写到 4 T（40000 Gs）以下的磁场被认为是"无显著风险的"。现有证据证明，它的正常使用对人体没有任何的伤害，即使是孕妇儿童都是可以完全放心做的。

5　多少强度范围内的磁场是安全的

国际非电离辐射防护委员会（International Commission on Non-Ionizing Radiation Protection，ICNIRP）针对静磁场的研究表明，只有当人体暴露于强磁场（如由核磁共振成像设备产生的磁场）或某些专门的研究设施中时，才会对人体产生可察觉的影响。例如，2～3 T 或更高强度的静磁场会引起短暂的眩晕和恶心，不过这些是由耳平衡器中产生的小电流造成的，并不会对健康产生不利影响。除了有关手眼协调和视觉对比的微小影响等有限信息，没有任何证据表明接触高达 8 T 的磁场对人体有不良影响。

6　人体接触高强度静磁场是安全的吗

2009 年，欧盟新兴和新发明健康风险科学委员会（Scientific Committee on Emerging and Newly Identified Health Risks，SCENIHR）在关于《电磁场对人体健康影响》（*Health Effects of Exposure to EMF*）的综合报告中指出，大量科研工作者在体外和体内的实验研究表明，没有证据证明短期接触高强度静磁场会对人体健康产生不利影响。

7　高压电线产生的电磁场是安全的吗

　　生活中我们经常会看到各种各样的高压输电塔（图4-6），塔上高压输电线产生的极低频磁场与人类多种疾病的发病相关。国际非电离辐射防护委员会认为，工频感应磁场可能影响脑电活动和神经细胞的通信过程。尽管国际癌症研究机构（International Agency for Research on Cancer，IARC）于 2001 年 6 月将工频电磁场（即高压输电线路及设备所产生的电磁场）归为人类可疑致癌物，但是他们提供的证据不足以证明其因果关系。关于极低频磁场与人体健康的相关性研究一直在持续进行中。

　　1997 年，澳大利亚辐射咨询委员会在其电磁场的综述文献中指出，目前没有足够的证据断言工频磁场辐射会对人体健康产生负面影响。

▼ 图 4-6　高压输电塔

2002 年，国际癌症研究机构的流行病学研究结果表明，极低频电磁场与儿童白血病发病风险增加有关联，并将极低频电磁场归类为"人类可疑致癌原"。对于工频电磁场，他们在 2012 年得出的结论是，目前缺乏可以证实公众暴露极低频电磁场与健康危害之间存在必然联系的证据，仍需要不断地进行跟踪研究。

8 关于动态磁场安全性的相关研究有哪些

世界卫生组织的官方文件《电磁场与公众健康：极低频场暴露（Fact Sheet No.322）》和《极低频场环境健康准则（EHS No.238）》对极低频电场、磁场的风险评估结论：人们通常遇到的电场强度，不存在危害健康问题；对于高水平磁场暴露，当磁场强度非常高时会对神经和肌肉产生刺激，并导致中枢神经系统中的神经细胞兴奋性发生变化。因此，需要对磁场强度设置阈值加以限制。

清华大学工程物理系粒子技术与辐射成像教育部重点实验室联合相关单位，通过模拟临床试验条件对 100 kHz 中频交变磁场进行安全性评价。结果表明，磁感应治疗机产生的中频磁场对生物体无显著的生物学影响，且辐照时间与磁场的生物学效应无相关关系。正常辐照量和极限辐照量的中频交变磁场是安全的。初步推测，中频交变磁场短期辐照无全身性的生物毒性，该条件下的磁场是安全的，可供临床使用。

9　动态磁场的安全性是怎样的

　　动态磁场指的是强度和方向会随着时间变化的磁场，除了场强和空间分布，还有各种频率、波形等的变化，因此分类更为复杂。对于动态磁场而言，频率是其分类的主要因素。由于磁场参数复杂以及各生物体之间的差异等，目前关于各种动态磁场对人体的影响尚无一致性的结论，其安全性的研究结果也根据磁场类型的不同而不同。

10　手机产生的电磁场是安全的吗

　　国际非电离辐射防护委员会定期对全世界的各项研究进行分析总结并公布指导方案。对于手机产生的高频电磁场（图4-7），虽然流行病学调查显示其为"人类可疑致癌原"，但是目前也缺乏确凿的实验证据支持这个结论。对此，科学家仍在进行更多、更全面以及更长期的观察和研究。

◀ 图4-7　通话中的手机电磁场辐射的测定

第四节　磁场的生物学效应

　　磁场作为一种物理因子，以一定的强度和方式作用于生物体（包括人体），会产生多方面的生物效应。磁场的生物效应是人类用其进行日常健康维护和临床诊治应用的基础。在磁场生物效应研究方面，国内外科学家进行了多方面的实验研究，取得了许多研究成果。

1　磁场对人体的哪些系统有影响

　　一般而言，磁场对人体的各个系统和器官都会产生影响，如血液系统、心脑血管、神经系统、消化系统、分泌系统、呼吸系统以及骨骼肌肉等。

2　磁场对人体血液系统的影响

　　磁场可以促使红细胞极化，合适的磁场强度和脉冲时间能控制红细胞聚集成链的程度，调节血液黏度。中等强度静磁场能够降低糖尿病性动脉粥样硬化大鼠的血脂水平并改善血液流变学特性。

3　磁场对人体骨骼系统的影响

　　磁场不仅能促进骨骼愈合，还能促进骨骼在机体内的形成。在细胞水平上，一定强度的静磁场能增强成骨细胞的成骨能力，抑制破骨细胞的骨吸收能力。同时，静磁场有利于骨骼钙化以提高骨密度。低频脉冲磁场可以影响细胞膜的钙离子通道，促进骨细胞的增殖和分化，增加破骨细胞的凋亡，提高成骨细胞 DNA 合成水平，增加胶原蛋白的合成。

4　磁场对人体免疫力的影响

　　静磁场、低频交变磁场和脉冲磁场能够提高小鼠的脾淋巴细胞增殖率以及脾脏和胸腺指数。超低频脉冲磁场能直接抑制肉瘤细胞的增殖，提高免疫细胞的功能，增强免疫细胞杀死癌细胞的能力。

5　磁场对人体抗氧化水平的影响

　　磁场能够抑制自由基的生成，增强抗氧化防御能力，具有延长机体最长寿命的作用。磁场还能够提高谷胱甘肽过氧化物酶等抗氧化酶的活性，降低过氧化物水平。超氧化物歧化酶中含有 Cu、Zn、Mn 等金属离子，外加的磁场通过对这些离子的影响而发挥磁场生物效应。

6 磁场对神经系统的影响

交变磁场和静磁场都能够使大鼠体内的β-内啡肽样免疫活性物质和精氨酸加压素样免疫活性物质的含量升高。这两种神经肽都能使基础痛阈升高，产生镇痛效应。采用热板法研究磁场的镇痛作用的实验结果表明，磁场可以提高实验动物的痛阈，且镇痛作用明显、起效迅速。

7 磁场对睡眠的影响

适当的磁刺激可调节神经递质水平，达到促进睡眠的目的。磁场作用于松果体，能调节褪黑激素的合成与分泌，有助于改善睡眠。在睡眠剥夺的条件下，磁刺激能够提高老年南美竖毛鼠的认知能力和记忆功能。

第五节　磁场在医学中的应用

在国内外的临床医学实践中，已有多种利用磁场生物效应的产品和方法通过了安全性和有效性评价，并被应用于人体疾病的预防、诊断、治疗和康复等方面。随着科学技术的进步和发展，磁场作为一种安全且有效的物理治疗方法，也正向着多元化方向发展。

 磁共振成像的秘密

磁共振成像是将原子核在磁场内的共振所得的信号重建成像的一种医学影像诊断技术。将人体置于特殊设计的静磁场中，用特定频率的射频脉冲进行激发，会引起氢原子核共振并吸收一定的能量。停止射频脉冲电磁波后，受激发的氢原子核将吸收的能量释放出来，被接收器接收并采集数据，利用计算机对图像进行重建实现检测部位的可视化。医院中一般使用的是磁场强度为 1.5 T 或 3 T 的磁共振成像设备。磁共振成像技术对人体没有损伤，被广泛地应用于医学临床诊断。图 4-8 和图 4-9 分别为患者接受磁共振成像仪检查和磁共振成像仪控制台。

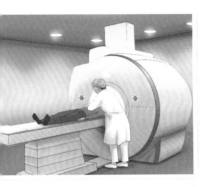

▲ 图4-8 患者接受磁共振成像仪检查示意

▲ 图4-9 磁共振成像仪控制台

 2 磁性纳米颗粒——小体格大能量的精灵

　　磁性纳米颗粒具有一系列独特而优越的物理和化学性质，是近年来发展迅速且极具应用价值的新型材料，被广泛应用在多个领域。其中，在医学方面的应用大致可分为治疗和诊断两类。例如，美国食品药品监督管理局批准的静脉注射补铁产品——氧化铁纳米颗粒Feraheme(Ferumoxytol)，可用于临床治疗慢性肾病患者的缺铁性贫血。磁性纳米粒子也可作为有效的药物载体，在外加磁场作用下可靶向运载药物到特定部位，从而提高药物的作用效果，减少药物的副作用。另外，在医学成像领域磁性纳米颗粒被认为是一种优良的磁共振造影剂。它可以加强病变部位与正常部位之间的对比，能反映病变部位的供血状况，从而提高诊断的精确度。

心磁图仪是用来研究心脏肌肉电活动所产生的微弱磁场变化的一种安全、无创医学检测仪器，是生命马达活动的探测者。心磁图仪主要包括超导量子干涉装置传感器及其电子学系统、无磁移动床、电磁屏蔽室和数据采集与处理系统。被测人体平躺在无磁移动床上，液氦杜瓦瓶悬挂在屏蔽室中央位于人体前胸正上方，超导量子干涉装置靠近杜瓦底部以缩短与前胸之间的距离（图4-10）。位于屏蔽室外的其他的电子学设备有超导量子干涉装置控制器、示波器、数据采集系统等。心磁图仪在心脏疾病的诊断、风险分级、疗效评估等方面，特别是在冠心病的早期检测及心律失常诊断等方面有潜在优势。

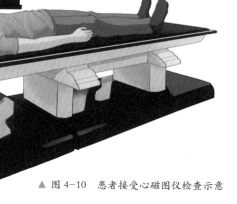

▲ 图4-10 患者接受心磁图仪检查示意

4 脑磁图仪——大脑活动的探测新星

脑磁图是一种无侵袭、无损伤地实时探测大脑神经活动过程的医学检测技术，是目前最先进的脑功能成像技术，为研究大脑活动提供了更加丰富准确的信息。脑磁图仪的关键设备有超导量子干涉仪、磁屏蔽室以及梯度仪等。其采用低温超导技术实时测量脑内神经电流发出的极其微弱的生物磁场信号，将获得的电磁信号转换成等磁线图，可与磁共振成像等影像信息叠加，形成具有功能信息的解剖学定位图像，具有极高的时空分辨率。脑磁图技术使人类对于大脑的思维情感等复杂功能的研究、脑部疾病诊断的能力达到了前所未有的水平。目前，已研制出基于原子磁力计并可在常温下工作的脑磁图系统，极大地降低了脑磁图的检测成本。图4-11为患者接受脑磁图仪检查示意。

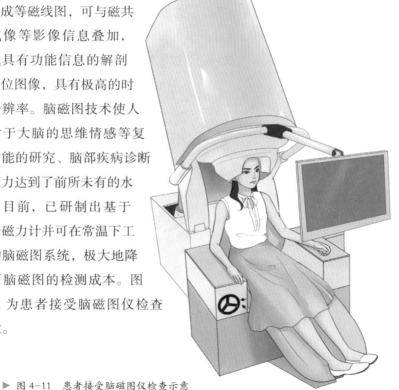

▶ 图4-11 患者接受脑磁图仪检查示意

5　脉冲电磁场——骨相关疾病治疗的有效手段

　　1974 年，哥伦比亚大学著名外科专家巴西特（Bassett）首次报道了低频脉冲电磁场可以有效促进猎犬骨折愈合。1977 年，巴西特又首次在临床上使用脉冲电磁场治疗了 127 例人体骨折延迟愈合和骨不连患者。基于低频脉冲电磁场对于骨组织细胞的生物学效应以及人体临床治疗效果，设计开发的脉冲电磁场骨质疏松治疗仪是临床治疗骨质疏松的一种有效手段。它能够缓解骨质疏松患者的疼痛，提高骨密度，也能用于促进骨折患者骨痂的形成以及加速骨折的愈合。图 4–12 为患者接受骨质疏松治疗仪治疗示意。

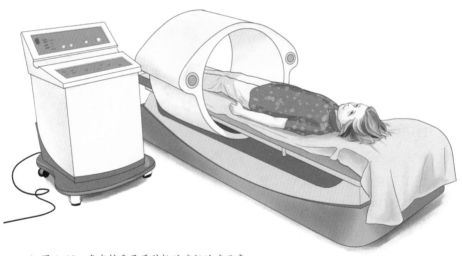

▲ 图 4–12　患者接受骨质疏松治疗仪治疗示意

6　磁靶向递药系统——肿瘤治疗中的生物导弹

　　化疗是治疗肿瘤的主要手段之一，但其具有组织非特异性，在抑制肿瘤组织的同时也会对正常细胞产生毒副作用。磁靶向递药系统可通过具有磁性的纳米颗粒载体将抗癌药物在外加磁场的引导下，靶向运输并浓聚在肿瘤组织。磁靶向递药系统具有效率高、见效快和毒副作用小等优点，可为肿瘤的精准化疗开辟新的途径。

7　磁场在外科手术中的华丽显身

　　西安交通大学的磁外科研究团队对磁铁进行了巧妙智慧的改造，使其在外科手术中华丽显身。基于磁悬浮技术、磁锚定技术及磁导航技术等，该研究团队对多种传统外科手术进行了革新，在临床上推进了磁牵引技术治疗睡眠呼吸暂停综合征、磁压榨技术治疗输尿管狭窄、磁压榨超微创技术完成消化道造瘘等的发展。磁外科技术让手术变得更加智慧（图4-13），它在微创化、降低手术难度、缩短手术时间、解决临床疑难病例等方面展现出巨大的优势，众多的磁外科技术已进入了临床应用。

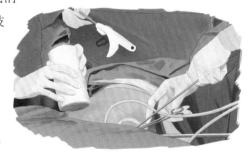

▲ 图 4-13　磁外科手术示意

8   经颅磁刺激——另类的非侵入性物理治疗

经颅磁刺激是利用外加电磁场对大脑神经产生刺激的一种方法。经颅磁刺激器由产生快速变化电流的电路部分和产生随时间变化磁场的线圈组成。经颅磁刺激用一定强度的时变磁场诱发大脑神经组织产生的感应电流，使神经细胞去极化，通过对钙离子的活动、神经元的兴奋性、神经递质和肽类物质的代谢以及免疫功能等的调节，使大脑功能兴奋或抑制。经颅磁刺激具有安全、无痛、无创、无副作用等优点，是一种非侵入性物理治疗。经颅磁刺激在临床上主要用于治疗抑郁症、阿尔茨海默病、帕金森病、偏头痛、多发性硬化症、癫痫等精神病及神经疾病，其中对抑郁症、睡眠障碍等疾病具有显著的疗效。图 4-14 为患者接受经颅磁刺激治疗示意。

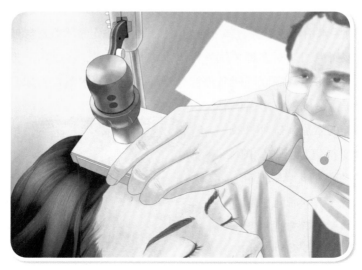

▲ 图 4-14   患者接受经颅磁刺激治疗示意

9 功能性磁刺激——舒适康复的利器

　　功能性磁刺激的原理与经颅磁刺激相同，可刺激神经或肌肉系统，在临床上被广泛应用于治疗神经系统疾病、预防肌肉萎缩、恢复肌张力。功能性磁刺激是一种康复理疗技术，对于运动康复和神经肌肉系统疾病的治疗有巨大的医学潜力，如刺激骶神经调整排便功能、刺激盆底肌肉调整排尿功能以及刺激上胸神经改善呼吸等。图 4-15 为患者接受功能性磁刺激治疗示意。

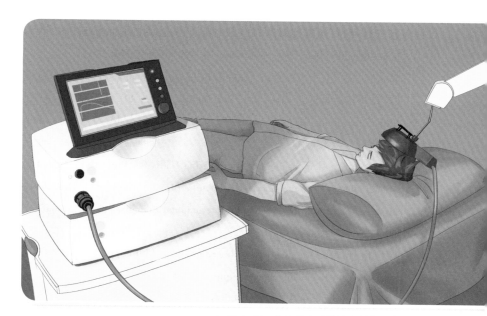

▲ 图 4-15　患者接受功能性磁刺激治疗示意

参考文献

［1］张秋臻. 浅谈我国磁疗的起源与发展［J］. 生物磁学，2002，2（2）：39.

［2］姜小秋，卢轩，陈泽林. 中医磁疗发展考［J］. 湖北中医药大学学报，2011，13（3）：67–68.

［3］周万松. 磁疗的发展与现状［J］. 人民中医，2002，45（10）：612.

［4］王鹏飞. 祖国医学对磁疗的认识与应用［J］. 河南中医，1983（2）：48.

［5］周万松. 我国磁疗的发展［J］. 磁性材料及器件，2000，31（6）：29–32.

［6］周万松. 永磁磁疗器械的应用进展［J］. 磁性材料及器件，2001，32（5）：34–36.

［7］Tian X，Wang D，Feng S，et al. Effects of 3.5~23.0 T static magnetic fields on mice：A safety study［J］. Neuroimage，2019（199）：273–280.

［8］Wang S，Luo J，Lv H，et al. Safety of exposure to high static magnetic fields（2~12 T）：a study on mice［J］. Eur. Radiol.，2019，29（11）：6029–6037.

［9］https://www.icnirp.org/en/frequencies/static–magnetic–fields–0–hz/index.html［EB/OL］.

［10］International Commission on Non-Ionizing Radiation Protection. Scientific Committee on Emerging and Newly Identified Health Risks［S］. Directorate-General for Health & Consumers. International Commission on Non-ionizing Radiation Protection，2009.

［11］World Health Organization. Electromagnetic Fields and Public Health：Exposure to Extremely Low Frequency Fields（Fact Sheet No.322）［S］. Geneva，Switzerland：World Health Organization，2004.

［12］World Health Organization. Environmental Health Criteria for Extremely Low

Frequency Fields（EHS No. 238）[S]. Geneva, Switzerland：World Health Organization，2007.

[13] 郭静，李晓，郭振东，等. 中频磁场辐射全身毒性与安全性实验评价 [J]. 科技导报，2010，28（19）：86-92.

[14] World Health Organization. List of Classifications by cancer sites with sufficient or limited evidence in humans，Volumes 1 to 122 a [M]. Switzerland：World Health Organization，2017.

[15] 冯品，楚轶，何勇，等. 全身稳恒磁场暴露对糖尿病性动脉粥样硬化大鼠血脂和血液流变学的影响 [J]. 现代生物医学进展，2017，17（35）：6818-6822.

[16] Zhang J，Ding C，Ren L，et al. The effects of static magnetic fields on bone [J]. Prog. Biophys. Mol. Bio.，2014，114（3）：146-152.

[17] 张璐，王沂，胡俊，等. 超强静磁场对小鼠抗氧化和免疫功能的影响 [J]. 上海大学学报（自然科学版），2009，15（2）：211-215.

[18] 李金芳，庞小峰. 极低频电磁场对免疫低下小鼠免疫功能影响的实验研究 [J]. 生命科学仪器，2009，7（4）：45-48.

[19] 丁晓楠. 围术期磁场环境对手术患者血清自由基生成的影响 [D]. 上海：复旦大学，2010.

[20] Eccles，Nyjon K. A critical review of randomized controlled trials of static magnets for pain relief [J]. J. Altern Complem. Med.，2005，11（3）：495-509.

[21] 杨丽，乔晓艳，董有尔. 磁场生物效应的研究现状与展望 [J]. 中国医学物理学杂志，2009，26（1）：1022-1024.

[22] Harman A，Chang K J，Dupuy D，et al. The long-lasting effect of Ferumoxytol on abdominal magnetic resonance imaging [J]. J. Comput. Assist. Tomogr.，2014，38（4）：571-573.

[23] 毛凯，马怡璇，潘红，等. 新型静脉补铁剂的研究进展 [J]. 中国新药杂志，2015，24（6）：659-663.

［24］孙慧娜，唐发宽，黄骁，等．心磁图的主要临床应用及研究进展［J］.
中国循证心血管医学杂志，2014，6（4）：499–500.

［25］孙吉林，吴杰，吴育锦，等．脑磁图研究进展及临床应用［J］. 中华放
射学杂志，2002，36（4）：376–379.

［26］Bassett C A L, Pawluk R J, Pilla A A. Augmentation of bone repair by
inductively coupled electromagnetic fields［J］. Science, 1974, 184（4136）:
575–577.

［27］Bassett C A L, Pilla A A, Pawluk R J. A non-operative salvage of surgically-
resistant pseudarthroses and non-unions by pulsing electromagnetic fields［J］.
Clin. Orthop. Relat. R, 1977（124）: 128–143.

［28］井爱平，黄卫祖，李英，等．低频脉冲电磁场对骨质疏松症的治疗作用
［J］. 中国组织工程研究与临床康复，2001（24）：30–31.

［29］杨贞，沃兴德．磁疗法的临床研究进展［J］. 现代中西医结合杂志，
2007（24）：3608–3610.

［30］郭明霞，王学民，王明时．磁刺激应用及机理研究进展［J］. 国外医学
（生物医学工程分册），2001，24（1）：23–26.

［31］周宁，黄晓琳，丁新华．功能性磁刺激治疗膀胱排尿功能障碍［J］. 中
国康复医学杂志，2003，18（10）：593–594.

第五章

磁科技礼赞

在世界范围内，诺贝尔科学奖通常被认为是科学研究领域最重要的奖项。纵观近 120 年的诺贝尔科学奖历程，很多诺贝尔科学奖背后都能找到"磁"的影子。自从 1902 年诺贝尔科学奖被颁发给彼得·塞曼和亨得里克·安东·洛伦兹，以表彰他们在研究磁场对辐射现象影响方面作出的杰出贡献后，"磁"与诺贝尔科学奖便紧密联系在一起。磁科技的发展渗透在多个学科和领域，磁科技的重大成果在灿若繁星的人类发现和发展中熠熠生辉。

第一节 磁与诺贝尔科学奖 [①]

1 与磁直接相关的诺贝尔科学奖有多少项

自 1902 年以来，彼得·塞曼（Pieter Zeeman）和亨得里克·安东·洛伦兹（Hendrik Antoon Lorentz）被授予诺贝尔物理学奖，到目前为止至少已有 19 项与磁直接相关的诺贝尔科学奖奖项（图 5-1 和图 5-2）。

▲ 图 5-1 阿尔弗雷德·伯纳德·诺贝尔（Alfred Bernhard Nobel, 1833—1896）

▲ 图 5-2 诺贝尔科学奖奖牌正面

① 本章内容参考网页：https://www.nobelprize.org/。

2 与磁相关的诺贝尔科学奖分别有哪些学科

与磁直接相关的 19 项诺贝尔科学奖中，包括 16 项诺贝尔物理学奖、2 项诺贝尔化学奖（图 5-3）、1 项诺贝尔生理学或医学奖（图 5-4）。

▲ 图 5-3　诺贝尔物理学奖 / 化学奖奖牌　　▲ 图 5-4　诺贝尔生理学或医学奖奖牌

3 第一项与磁直接相关的诺贝尔科学奖

1902 年，诺贝尔科学奖授予荷兰物理学家彼得·塞曼（图 5-5）和亨得里克·安东·洛伦兹（图 5-6），以表彰他们在研究磁场对辐射现象影响方面作出的杰出贡献。

1896 年，彼得·塞曼发现了原子光谱在外磁场中发生分裂且偏振的现象，被命名为"塞曼效应"（图 5-7）。它是继法拉第效应和克尔效应之后发现的第三个反映光的电磁特性的效应。亨得里克·安东·洛伦兹的主要贡献之一是创立了经典磁理论，该理论能解释物质中一系列电磁现象，以及物质在电磁场中运动的一些效应。由于塞曼效应及时地从洛伦兹电磁理论中得到了解释，相互间得到验证。

▲ 图 5-5　彼得·塞曼（Pieter Zeeman, 1865-1943）

▲ 图 5-6　亨得里克·安东·洛伦兹（Hendrik Antoon Lorentz, 1853-1928）

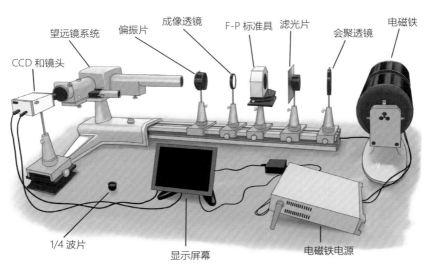

▲ 图 5-7　塞曼效应实验装置

 与磁相关的诺贝尔科学奖汇总

① 磁场对辐射现象影响的研究——塞曼效应；

② 热辐射定律的发现；

③ 对分子束方法的发展以及对质子磁矩的发现；

④ 核磁共振法的发明；

⑤ 核磁精密测量的新方法及由此所做的发现；

⑥ 用射频技术精确测出电子磁矩；

⑦ 发明并发展了研究原子内光、磁共振方法；

⑧ 磁流体动力学和新的磁性理论；

⑨ 隧道现象和约瑟夫森效应的发现；

⑩ 对磁性和无序体系电子结构的基础性理论研究；

⑪ 弱电统一理论；

⑫ 量子霍尔效应；

⑬ 氧化物高温超导材料的发现；

⑭ 高分辨核磁共振波谱学的发展；

⑮ 电子在强磁场中的分数量子化的霍尔效应的发现；

⑯ 利用核磁共振技术测定溶液中生物大分子三维结构的方法；

⑰ 核磁共振成像技术；

⑱ 在超导体和超流体领域的开创性贡献；

⑲ 巨磁阻效应。

第二节　与磁相关的诺贝尔物理学奖

1 热辐射与"磁"

　　1911 年，诺贝尔物理学奖授予德国科学家威廉·维恩（Wilhelm Wien，图 5-8），以表彰他对热辐射定律的贡献。

　　19 世纪末，人们已经认识到热辐射的本质是电磁波。热辐射是指物体由于具有温度而辐射电磁波的现象。一切温度高于绝对零度的物体都能产生热辐射，温度越高，辐射出的总能量越大。热辐射是真空中唯一的传热方式，因为电磁波的传播无须任何介质。

◀ 图 5-8　威廉·维恩（Wilhelm Wien，1864—1928）

2 质子磁矩的发现

1943 年，诺贝尔物理学奖授予德裔美国科学家奥托·斯特恩（Otto Stern，图 5-9），以表彰他对分子束方法的发展以及质子磁矩的发现。

奥托·斯特恩早年在统计热力学与量子理论等理论物理领域发表了一些重要论文。1919 年，他转向实验物理，开始研发和使用分子束方法。分子束方法成为研究分子、原子、原子核性质的重要工具。1922 年，他同瓦尔特·盖拉赫一起完成了斯特恩－盖拉赫实验，证明了是磁场对磁矩的作用力使原子发生偏转，然后又测量了包括质子在内的亚原子粒子的磁矩。他是当年唯一的诺贝尔物理学奖得主，获奖内容是："对分子束方法的发展以及对质子磁矩的发现"。获奖内容中没有提及施特恩－盖拉赫实验，因为当时盖拉赫已经是纳粹科学家了。

▲ 图 5-9　奥托·斯特恩
（Otto Stern，
1888-1969）

3 测定原子核磁特性的共振方法

1944 年，诺贝尔物理学奖授予美国物理学家伊西多·艾萨克·拉比（Isidor Isaac Rabi），以表彰他发明了核磁共振技术。

拉比早期的工作是研究晶体的磁特性。1930 年，拉比开始研究原子核的磁特性，并将斯特恩的分子束方法发展到非常精确的程度。他发现在施加无线电波后，原本在磁场中沿磁场方向呈正向或反向有序平行排列的原子核的自旋方向发生翻转。这是人类首次关于原子核与磁场以及外加射频场相互作用的认识。

4 "核磁共振"走入大众的视线

1952 年，诺贝尔物理学奖授予瑞士物理学家费利克斯·布洛赫（Felix Bloch）和美国物理学家爱德华·米尔斯·珀赛尔（Edward Mills Purcell），以表彰他们发展核磁精密测量的新方法及由此所做的发现。

1946 年，他们发现，将具有奇数个核子（包括质子和中子）的原子核置于磁场中，再施加特定频率的射频场，就会发生原子核吸收射频场能量的现象。从此，核磁共振现象走入大众的视线，很快成为探索和研究物质微观结构和性质的高新技术之一。如今，核磁共振技术已经被应用到物理、化学、医疗、考古等许多领域。

5 是谁首次精确地测定"电子磁矩"

1955 年，诺贝尔物理学奖一半授予德裔美国物理学家波利卡普·库施（Polykarp Kusch），以表彰他精确地测定了电子磁矩。波利卡普·库施在哥伦比亚大学的第一天起，就追随拉比。他们一起用分子束磁共振方法从事原子、分子和核物理方面的研究，确定了电子异常磁矩的真实性并精确测定其大小。这也是原子和分子束研究的一部分。

6 光与"磁"

1966年，诺贝尔物理学奖授予法国物理学家阿尔弗雷德·卡斯特勒（Alfred Kastler），以表彰他发明和发展了原子中核磁共振的光学研究方法。光磁共振实际上是使原子、分子的光学频率的共振与射频或微波射频的磁共振同时发生的一种双共振现象。由于这种方法最早实现了粒子数反转，成为发明激光器（图5-10）的先导，所以卡斯特勒被人们誉为"激光之父"。

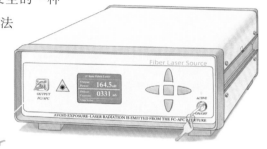

▲ 图 5-10 光纤激光器

7 磁流体动力学的创立

1970年的诺贝尔物理学奖一半授予瑞典物理学家汉尼斯·奥洛夫·哥斯达·阿尔文（Hannes Olof Gösta Alfvén），以表彰他在磁流体动力学领域的基础工作和发现及其在等离子体物理中的应用。

磁流体动力学又称流体磁学或磁气动力学，是研究流动导电流体与磁场相互作用时的运动规律的一门科学，属于力学的分支。磁流体动力学的主要研究内容：①导电流体的运动性质；②导电流体流动性的理论研究及应用研究。磁流体动力学已经被广泛应用于天体物理、受控热核反应和工业等领域（图5-11）。

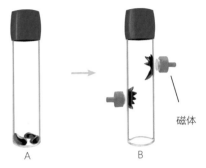

磁体

▲ 图 5-11　磁流体演示

注：A.无外加磁场时磁流体的状态，玻璃瓶内黑色的物质即为磁流体，是由直径为
纳米级的磁性固体颗粒、表面活性剂以及基载液三种混合而成一种稳定的胶状
液体；B.外加磁场时磁流体的状态，该流体在无外加磁场时静静地躺在瓶底，
当外加磁场作用时便会露出锋利的爪牙。

8　新的磁性理论

　　1970 年，诺贝尔物理学奖一半授予法国物理学
家路易·奈尔（Louis Néel），以表彰他在反铁磁性
和亚铁磁性领域所做的基础研究和发现。奈尔是反
铁磁性和亚铁磁性理论的创始人。在此之前，人们
只知道有 3 类不同的磁性物质：抗磁体、顺磁体和
铁磁体。只有在一定温度以下原子间的磁相互作用
胜过热运动的影响时，亚铁磁质的亚铁磁性或反铁
磁质的反铁磁性才能出现。这个临界温度，对于铁
磁质叫居里温度（Tc），对于反铁磁质叫奈尔温度
（TN）。此外，奈尔还多方面拓展了对磁性的认识，其中非常重要的有
瑞利定理理论、细晶粒的磁性、磁黏滞、超反铁磁性和磁滞现象。

9　约瑟夫森效应

1973 年，诺贝尔物理学奖一半授予英国物理学家布赖恩·戴维·约瑟夫森（Brian David Josephson），以表彰他对穿过隧道壁垒的超导电流特性的理论预测，尤其是约瑟夫森效应现象。

在量子物理学中，物质被描述为波和粒子，其结论之一就是隧穿现象，即粒子可以穿过障碍物。而根据经典物理学，它们应该无法穿过这些障碍物。1962 年，布赖恩·戴维·约瑟夫森在理论上预测了超导体的意外效应：一方面，在没有叠加电压的情况下，可以在两个由绝缘体隔开的超导体之间产生电流；另一方面，如果加上整流电压，就会产生交流电。这就是我们所说的约瑟夫森效应。约瑟夫森效应被广泛应用于各个领域，例如，超导量子干涉仪（图 5-12）——非常灵敏地测量微弱磁信号的仪器。它建立在约瑟夫森效应和磁通量子化的基础上，根据偏置电流的不同可分为直流和射频两类。

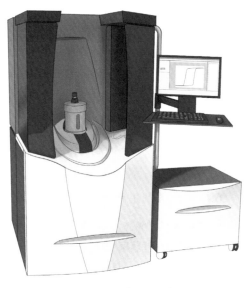

▲ 图 5-12　超导量子干涉仪

10 磁性和无序体系电子结构

1977 年，诺贝尔物理学奖授予美国物理学家约翰·哈斯布鲁克·范弗莱克（John Hasbrouck van Vleck）、英国物理学家内维尔·弗兰西斯·莫特（Nevill Francis Mott）和美国物理学家菲利普·沃伦·安德森（Philip Warren Anderson），以表彰他们对磁性和无序体系电子结构的基础性理论研究。

不同材料的磁和电特性是由其电子相对原子核的运动方式决定的。当外来的原子插入晶体结构时，晶体的性质就会改变。20 世纪 30 年代，范弗莱克提出了晶体电场如何影响外来原子的理论，他还展示了电子运动之间的相互作用如何在晶体中产生局部磁矩。通过观察电子之间的相互作用，莫特在 1949 年解释了某些晶体如何在导体和绝缘体之间交替变换。1958 年，安德森展示了电子在无序体中可以自由移动的条件，以及电子被束缚在特定位置的条件，这有助于人们更深入地理解无序系统中的电现象。

11 "弱电统一理论"的提出

1979 年，诺贝尔物理学奖授予美国物理学家谢尔登·李·格拉肖（Sheldon Lee Glashow）、巴基斯坦物理学家阿卜杜勒·萨拉姆（Abdus Salam）和美国物理学家史蒂文·温伯格（Steven Weinberg），以表彰他们在发展基本粒子之间的弱电相互作用理论方面所作的贡献，特别是预言了弱中性流。

自然界存在四种基本力，电磁相互作用就是其中之一，弱相互作用是另一种基本力。电磁相互作用的强度比弱相互作用强很多，它们看似是毫无关联的两种自然相互作用，但科学家发现，这两种基本作用的数学描述在某些方面具有一定程度的相似性，电磁相互作用与弱相互作用的统一并非不可能。到 1967 年，科学家已经建立较为完整的弱电统一理论，但是由于没有实验证据，此理论在当时并没有引起足够的重视。直到 1973 年，经过许多科学家的不懈努力，该理论终于得到了实验验证，弱电统一理论才开始引起人们的重视。

12 量子霍尔效应的发现

　　1985 年，诺贝尔物理学奖授予德国物理学家克劳斯·冯·克利青（Klaus von Klitzing），以表彰他发现了量子霍尔效应。

　　1980 年，即在发现霍尔效应近 100 年后，克利青在非常干净的金属和半导体之间的界面中发现了量子霍尔效应。在这种效应下，磁场的变化会导致霍尔电导的变化，霍尔电导以常数的整数倍变化，这是当代磁学和凝聚态物理学非常重要的成就之一。

13 分数量子霍尔效应

　　1998年，诺贝尔物理学奖授予美籍华裔物理学家崔琦、德国科学家霍斯特·路德维希·施特默（Horst Ludwig Störmer）和美国物理学家罗伯特·B.劳克林（Robert B. Laughlin），以表彰他们发现了分数量子霍尔效应。

　　他们在更强磁场下研究量子霍尔效应时，发现了分数量子霍尔效应。这个发现使人们对量子现象的认识更进一步深化。分数量子霍尔效应是继霍尔效应和量子霍尔效应之后，又一项具有重要意义的凝聚态物质中的宏观量子效应。

14　超导材料中的磁性质

　　2003 年，诺贝尔物理学奖授予拥有俄罗斯和美国双重国籍的科学家阿列克谢·阿布里科索夫（Alexei Abrikosov）、俄罗斯科学家维塔利·拉扎列维奇·金茨堡（Vitaly Lazarevich Ginzburg）以及拥有英国和美国双重国籍的安东尼·J.莱格特（Anthony J. Leggett），以表彰他们在超导体和超流体理论上作出的开创性贡献。

　　当温度降低到绝对零度（约等于 –273.15 ℃）时，导电材料的电阻趋近于零的现象被称为"超导"。具有超导性质的材料被称为超导材料，处于超导态的导电材料能够无损耗地传输电能。抗磁性是处于超导态的超导材料的另一个重要特性。超导材料处于超导态时，外加磁场无法进入或大范围存在于超导材料内部，因此超导材料内部的磁场为零（图 5-13）。

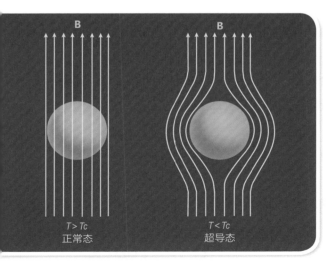

▲ 图 5-13　超导体抗磁性示意

15 陶瓷材料的超导电性

1987 年，诺贝尔物理学奖授予德国物理学家约翰内斯·格奥尔格·贝德诺尔茨（Johannes Georg Bednorz）与瑞士物理学家卡尔·亚历山大·米勒（Karl Alexander Müller），以表彰他们在发现陶瓷材料中的超导电性所作的重大突破。

超导电性被发现以来，科学家立刻认识到超导技术有广泛的潜在应用价值。世界各国都投入大量的人力物力开展这方面的工作。但是由于超导转变温度太低，必须依赖昂贵的液氦设备，所以科学家努力探索如何提高材料的超导临界温度。

1983 年，贝德诺尔茨与米勒紧密合作开始了对高临界温度的超导氧化物的系统研究；1986 年，获得重要发现。他们在陶瓷材料中发现超导电性，由钡镧铜氧化物（BaLaCuO 或 LBCO）组成的材料，比之前测试的材料在高得多的温度下实现超导。这一发现引发了人们对类似材料的广泛研究。

16 巨磁阻效应的发现与应用

2007 年，诺贝尔物理学奖授予德国物理学家彼得·格林贝格尔（Peter Grünberg）和法国物理学家艾尔伯·费尔（Albert Fert），以表彰他们发现了巨磁阻效应。

在有外磁场作用时磁性材料的电阻率会发生巨大改变，这种现象被称为巨磁阻效应。早在 1988 年，彼得·格林贝格尔和艾尔伯·费尔就各自独立地发现了巨磁阻现象。1994 年，IBM 公司成功研制出应用巨磁电阻效应的读出磁头，将磁盘记录密度足足提高了 17 倍，引发了硬盘"体形小、容量大"的潮流，使磁盘在与光盘的竞争中重新回到了领先地位。目前，巨磁阻技术已经成为几乎所有数码相机、计算机和移动硬盘（图 5–14）等的标准技术。

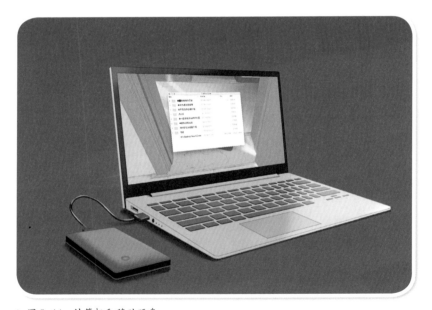

▲ 图 5–14　计算机和移动硬盘

第三节　磁相关诺贝尔化学奖

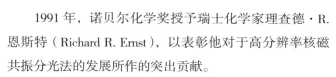

1　高分辨率核磁共振光谱学

1991 年，诺贝尔化学奖授予瑞士化学家理查德·R. 恩斯特（Richard R. Ernst），以表彰他对于高分辨率核磁共振分光法的发展所作的突出贡献。

原子核中的质子和中子像旋转的小磁铁，所以原子和分子在磁场中具有一定的方向。然而，这种定向性可以被特定频率的无线电波所影响，这些频率被称为共振频率。根据这一现象可以确定各种分子的组成和结构。理查德·恩斯特在 20 世纪 60—70 年代发明了高灵敏度和高分辨率的核磁共振分光法。利用这项原理制成的核磁共振波谱仪（图 2-49 和图 5-15）成为化学研究中基本和必要的工具，这项研究成果还被广泛应用到其他学科。

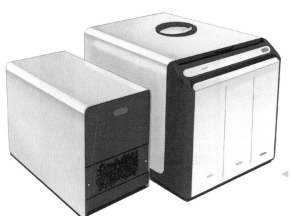

◀ 图 5-15　台式核磁共振波谱仪

2 磁技术帮助人们认清生物大分子的"真面目"

2002 年,诺贝尔化学奖一半授予瑞士科学家库尔特·维特里希(Kurt Wüthrich),为表彰他发明了利用核磁共振技术测定溶液中生物大分子三维结构的方法(图 5-16)。

生物大分子是生物体生命活动的基础。如何测定生物大分子的结构,揭开它们的"面纱",看清它们的"真面目",是科学家梦寐以求的事。20 世纪 80 年代,库尔特·维特里希开发了一种绘制生物大分子结构图谱的方法。该方法利用不同原子核吸收不同电磁波的原理,通过检测和分析受测试物质对电磁波的吸收情况就可以判定它含有哪些原子以及原子之间的距离,并据此分析出受测试物质的三维结构(图 5-16)。

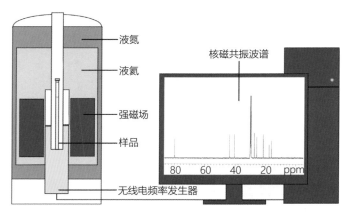

▲ 图 5-16 核磁共振检测生物大分子三维结构的工作流程示意

第四节　　磁相关诺贝尔生理学或医学奖

"核磁共振成像技术"的突破性进展

2003 年，诺贝尔生理学或医学奖授予美国的保罗·克里斯琴·劳特伯（Paul Christian Lauterbur）和英国的彼得·曼斯菲尔德（Peter Mansfield），以表彰他们在核磁共振成像技术领域的突破性成就。

劳特伯引入梯度磁场概念，从而实现对物体进行二维图像成像；曼斯菲尔德进一步发展了梯度磁场的应用，展示了如何对信号进行数学分析，这是成像技术研究中至关重要的一步。

核磁共振成像最大的优点是在身体无创条件下，能够快速获得人体内部的高精度三维立体图像。利用这种技术可以诊断其他技术无法诊断的疾病，特别是脊髓和脑部的病变；其对软组织也有很好的分辨力，能够精确定位需要手术的部位。核磁共振成像无疑是人类医学发展史上一颗闪亮的明珠。

第六章

磁密码的本质

　　磁是宇宙中的自然现象，研究磁规律的学科是磁学，是物理学的分支学科。在磁学从古至今的发展史上，众多科学巨人经过不断的努力，终于揭开了磁现象神秘的面纱，发现了其中的科学规律。本章从磁学的基本概念入手，重点介绍磁学中经典的基本定律。

1 什么物质有磁性

　　提到磁性，人们普遍觉得在日常生活中磁现象是较少见的，好像日常接触的主要就是磁石或磁铁，而把一般物质称为无磁性物质。但现代科学已充分证实：大到天体，小到原子，任何物质都具有磁性，只是不同物质磁性的强弱不同；任何空间都存在着磁场，只是不同空间磁场强度有所不同。物质以及空间的磁性是普遍存在的。

2 怎样表示物质磁性的强弱

　　在一块硬纸板的下面放两块磁铁，并且让它们的S极相对，在纸板上面撒一些细的铁粉末。我们会发现，铁粉末会自动排列起来，形成一串串曲线的样子。其中，N极和S极之间的曲线是连续的，而S极和S极之间的曲线互相排斥（图6-1）。这种现象说明，磁铁的磁极之间存在着某种联系。因此，可以假想，在磁极之间存在着一种曲线，它代表着磁极之间相互作用的强弱。这种假想的曲线称为磁感线，并规定磁感线从N极出发，最终进入S极。铁粉末的排列形状就是磁感线的走向。

　　但必须强调的是，磁感线是为了理解方便而假想出来的，实际并不存在。在磁极周围的空间中，真正存在的不是磁感线，而是一种与引力场类似的场，我们称为磁场。磁场的强弱可以用假想的磁感线数量的多少来表示（图 6-2）：磁感线越密的地方，磁场就越强；反之，则越弱。我们将单位截面上穿过的磁感线数目称为磁通量密度。

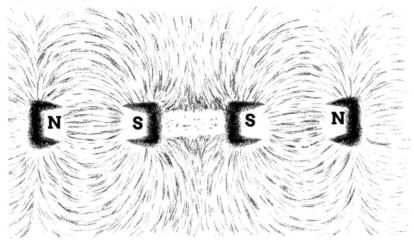

▲ 图 6-1　铁粉在磁极下的排列示意

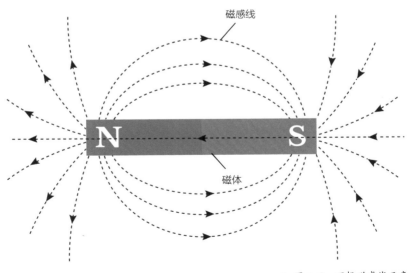

磁感线

磁体

▲ 图 6-2　理想磁感线示意

3　如何定义磁场的方向

规定小磁针的北极在磁场中所受磁场力的方向为该点磁场的方向。在磁体外部，磁感线的方向为从北极到南极；在磁体内部是由南极到北极。在磁体外部可由磁感线的切线方向或由放入磁场的小磁针在静止时，北极所指的方向所确定。

4　物质的磁性从哪里来

众所周知，我们日常所接触到的宏观物质（固体、液体、气体）都是由微小的原子组成的，所以不难理解，一切宏观物质的磁性都来自微观原子的磁性。但是宏观物质的磁性并不是原子磁性的简单叠加，而是在此基础上形成丰富多彩的表现形式，并由此形成了强弱不同和特点各异的复杂磁性。

5　原子的磁性从哪里来

原子的磁性与原子的组成和结构有关，原子是由原子核和电子组成的。不同元素的原子，有不同数量的电子在原子核外围绕着原子核旋转。所以原子的磁性由电子和原子核的磁性两部分组成，其中，电子的磁性是原子磁性的主要来源，原子核的磁性约仅为电子磁性的 1/2000 或更低。

6 什么是磁化与退磁

　　磁化是指在磁场的作用下，由于材料中磁矩排列取向趋于一致而呈现出一定磁性的现象。例如，缝衣针、螺丝刀等钢铁物质与磁铁长时间接触后，就会显示出磁性，这种现象叫作磁化。而原先具有磁性的物质经过高温、力学冲击或者交变磁场等的作用，就会失去原有的磁性，这种现象叫退磁。

7 什么是铁磁性

　　铁磁性是指材料具有自发磁化现象的一种性质。铁、钴、镍及其合金和一些金属氧化物，磁化后的磁性比其他物质强得多，这些物质叫铁磁性物质，也叫强磁性物质。

8 为什么铁磁性物质磁化后能具有很强的磁性

　　与其他物质不同，铁磁性物质由很多已经磁化的小区组成，这些磁化的小区叫作"磁畴"。在磁化前，材料中各个磁畴的磁化方向不同，无序地混在一起，各个磁畴的磁性在宏观上互相抵消，物质整体对外不显磁性。在磁化后，由于外加磁场的作用，磁畴的磁化方向有序地排列起来，使磁性在宏观上大大加强，物质对外显示出强的磁性。

9　什么是顺磁性

顺磁性是指物质具有顺从外磁场的趋向。在磁场中，有的物质受到的磁力方向是从磁场弱处指向磁场强处，是顺着磁场作用的，这种磁性称为顺磁性。具有顺磁性的物质称为顺磁性物质，简称顺磁物质，如氧气和金属铝等。

10　什么是抗磁性

抗磁性是指物质具有抗拒外磁场的趋向。在磁场中，有的物质受到的磁力方向是从磁场强处指向磁场弱处，是对抗磁场作用的，故称这种磁性为抗磁性。具有抗磁性的物质称抗磁性物质，简称抗磁物质，如水和铜等。

11　什么是电流的磁效应

静止的电荷可以产生电场，但是不能产生磁场。那么，运动的电荷，能不能产生磁场呢？丹麦物理学家汉斯·克海斯提安·奥斯特（Hans Christian Ørsted）在 1820 年发现，将一根导线平行地放在磁针上方，在给导线通电时，磁针发生了偏转，就好像磁针受到磁铁的作用一样。这说明，电流也能产生磁场，这个现象称为电流的磁效应（图 6-3）。

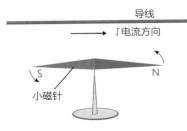

▲ 图 6-3　电流的磁效应示意

12　如何确定直线电流的磁场方向

　　直线电流磁场的磁感线所组成的图形是围绕导线的同心圆。如果用小磁针来判定磁场的方向，可以得到直线电流磁场方向的安培定则：右手握住导线，让伸直的拇指的方向与电流的方向一致，那么，弯曲的四指所指的方向就是磁感线的环绕方向。

13　如何确定通电螺线管的磁场方向

　　通电螺线管的电流方向与其磁感线方向之间的关系也可用安培定则来判定：右手握住螺线管，让弯曲的四指所指的方向跟电流的方向一致，拇指所指的方向就是螺线管内部磁感线的方向。

14　什么是安培力

　　通电的导线能产生磁场，其本身也就相当于一个磁体，那么通电导线在磁场中是否也受到力的作用呢？将一段直导线放到磁场中，给导线通电后，可以看到原先静止的导线会发生运动（图6-4）。通电导线在磁场中受到的力称为安培力。由于法国物理学家安德烈·玛丽·安培（André Marie Ampère）最早研究了磁场对通电导线的作用，后人为纪念他作出的贡献而将这种力命名为安培力。

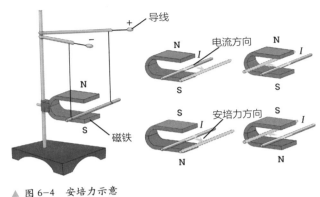

▲ 图6-4　安培力示意

15 如何确定安培力的方向

大量实验表明，通电导线所受安培力的方向总是垂直于磁感线和通电导线所在的平面，安培力的方向、电流的方向和磁场的方向三者之间的关系可用左手定则表示：伸开左手，使拇指与四指垂直并且在同一平面内，让磁感线垂直进入掌心，并使四指指向电流方向，则拇指所指的方向是就通电导线在磁场中所受安培力的方向（图6-4）。

16 影响安培力大小的因素有哪些

通电导线长度（L）一定时，电流（I）越大，导线所受安培力（F）也就越大。电流一定时，通电导线越长，所受安培力也越大。实验发现，通电导线在磁场中受到的安培力的大小与导线的长度和导线中的电流成正比，也就是说 F 与 I 和 L 的积成正比，用公式表示为 $F=BIL\sin\alpha$。其中，B 是磁感应强度，α 是电流方向与磁场方向间的夹角。

17 磁电式电流表如何测量电流的大小

　　磁电式电流表所依据的物理学原理就是安培力与电流的关系。磁电式电流表最基本的组成部分是磁铁和放在磁铁两极之间的线圈。当电流通过线圈时，导线会受到安培力的作用，引起线圈转动。电流越大，安培力就越大，螺旋弹簧的形变也就越大。因此，从线圈偏转的角度就可以判断出通过电流的大小。

18 磁铁的磁场和电流的磁场是否有相同的起源

　　通电螺线管的磁场与条形磁铁的磁场很相似，受此启发，安培提出了著名的分子电流假说。他认为，在原子、分子等物质粒子内部，存在着一种环形电流——分子电流。分子电流使每个物质微粒都成为一个微小的磁体，它的两侧相当于两个磁极。物质未被磁化的时候，内部各分子电流的取向是杂乱无序的，物质宏观上的磁场互相抵消，对外界不显磁性。当其受到外界磁场的作用时，各分子电流的取向有序地排列起来，物质被磁化，两端表现出较强的磁性，形成磁极。因此，磁铁和电流产生的磁场起源是一样的。

19 什么是洛伦兹力

　　电流是由电荷的定向移动形成的。既然磁场对通电导线有力的作用，同样，磁场对运动的电荷也有力的作用，而作用在导线上的安培

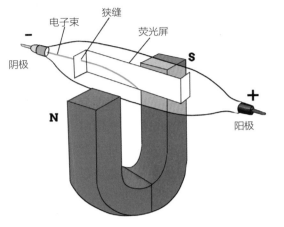

力则是作用在运动电荷上的宏观表现（图6-5）。荷兰物理学家亨德里克·安东·洛伦兹（Hendrik Antoon Lorentz）首先提出，磁场对运动电荷有力的作用。为了纪念他，人们将这种力称为洛伦兹力。

▲ 图6-5 磁场对阴极射线的偏转效果示意

20 如何确定洛伦兹力的方向

安培力实际上是洛伦兹力的宏观表现。由此推断，运动的带电粒子在磁场中所受洛伦兹力的方向与运动方向和磁感应强度的方向都垂直。它的指向可以依照左手定则判定：伸开左手，使拇指与其余四个手指垂直，并且都与手掌在同一个平面内；让磁感线从掌心穿入，并让四指指向正电荷运动的方向，这时拇指所指的方向就是运动的正电荷在磁场中所受洛伦兹力的方向（图6-6）。值得注意的是，负电荷受力的方向与正电荷

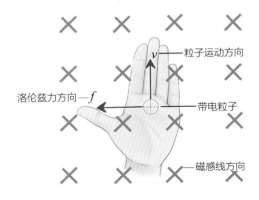

▲ 图6-6 判断洛伦兹力的方向示意

的相反。

21 如何确定洛伦兹力的大小

　　电荷量为 q 的粒子以速度 v 运动时，如果速度方向与磁感应强度（B）方向垂直，那么粒子受到的洛伦兹力为 $F=qvB$。式中，力、磁感应强度、电荷量、速度的单位分别为牛顿（N）、特拉斯（T）、库伦（C）、米每秒（m/s）。在一般情况下，当电荷运动的方向与磁场方向夹角为 θ 时，电荷所受的洛伦兹力为 $F=qvB\sin\theta$。

22 什么是电磁感应

　　闭合电路的一部分在磁场中做切割磁感线的运动时，导体中会产生电流。物理学中把这类现象叫作电磁感应（图6-7），由电磁感应产生的电流叫作感应电流。电磁感应现象是指因磁通量变化产生感应电动势的现象。

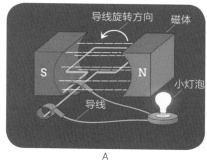

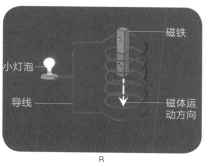

▲ 图6-7　线圈（A）和磁铁（B）运动导致磁通量变化产生感应电动势示意

23 感应电动势的大小跟什么因素有关

电路中感应电动势的大小，与穿过这一电路的磁通量的变化率成正比，这就是法拉第电磁感应定律。如果用 E 表示感应电动势，它的单位是伏特（V），磁通量（φ）和时间（t）的单位分别为韦伯（Wb）和秒（s），则法拉第电磁感应定律可以用公式表示为 $E=\dfrac{\Delta\varphi}{\Delta t}$。

24 什么是楞次定律

楞次定律用于判断由电磁感应产生的电动势的方向。1834 年，俄国物理学家海因里希·楞次（Heinrich Friedrich Emil Lenz）发现了这一规律。楞次定律是指感应电流具有这样的方向特性，即感应电流的磁场总要阻碍引起感应电流的磁通量的变化，感应电流的方向即感应电动势的方向。简单地说，就是感应电流的磁场对磁通量会产生一个"来拒去留"的效果。从导体和磁体的相对运动的角度来看，感应电流总要阻碍导体和磁体的相对运动。

25 什么是高斯磁定律

高斯磁定律是指磁场的散度等于零，净磁通量永远等于零。散度可以用于表征空间中点源矢量场发散的强弱程度。在物理学上，散度的意义表示场的有源性。磁场是一个螺线矢量场。简单来说，就是由于磁感线是闭合曲线，所以磁场中通过任一封闭曲面的磁通量一定为零。高斯磁定律是因德国物理学者约翰·卡尔·弗里德里希·高斯（Johann Karl Friedrich Gauß）而命名。

26 什么是麦克斯韦电磁理论

麦克斯韦方程组是英国物理学家詹姆斯·克拉克·麦克斯韦（James Clerk Maxwell）在 19 世纪建立的描述电场与磁场的四个基本方程。在麦克斯韦方程组中，电场和磁场已经成为一个不可分割的整体。该方程组系统而完整地概括了电磁场的基本规律，并准确地预言了电磁波的存在。麦克斯韦提出的涡旋电场和位移电流假说的核心思想是：变化的磁场可以激发涡旋电场，变化的电场可以激发涡旋磁场；电场和磁场不是彼此孤立的，它们相互联系、相互激发组成一个统一的电磁场。麦克斯韦进一步将电场和磁场的所有规律综合起来，建立了完整的电磁场理论体系。而这个电磁场理论体系的核心就是麦克斯韦方程组。

麦克斯韦方程组的微分公式如下：

$$\nabla \cdot E = \frac{\rho}{\varepsilon_0}$$

$$\nabla \cdot B = 0$$

$$\nabla \times E = -\frac{\partial B}{\partial t}$$

$$\nabla \times B = \mu_0 \left(J + \varepsilon_0 \frac{\partial E}{\partial t} \right)$$

其中，E 为电场强度，ρ 为总电荷密度，B 为磁感应强度，ε_0 为自由空间介电常数，J 为总电流密度，μ_0 为磁常数，$\nabla \times$ 是旋度运算符。

27　什么是巨磁阻效应

1988 年，德国物理学家彼得·格林贝格尔（Peter Grünberg）和法国物理学家艾尔伯·费尔（Albert Fert）各自独立发现了一种特殊的现象：非常微弱的磁性变化就能导致某些磁性材料发生非常显著的电阻变化，这一现象被命名为巨磁阻效应。巨磁阻效应是指磁性材料的电阻率在有外磁场作用时和无外磁场作用时存在巨大变化的现象。巨磁阻是一种量子力学效应，源于由铁磁材料和非铁磁材料薄层交替叠合而成的磁性薄膜结构。

28　什么是磁致伸缩效应

磁致伸缩效应是指磁性物质在磁化过程中因外磁场的改变而发生几何尺寸可逆变化。简单来说，就是一种强磁性材料在受到外加磁场作用时，其长度会发生变化，就好像受到外力作用一样。反过来，一种强磁性材料在受到外力作用时，其磁性也会发生变化，这是磁致伸缩效应的逆效应。因此，当强磁性材料受到力作用时，就可以从磁性的变化测得其受到的力的大小。

29　什么是霍尔效应

霍尔效应属于电磁效应的一种，它定义了磁场和感应电压之间的关系。1879 年，美国物理学家埃德温·赫伯特·霍尔（Edwin Herbert

Hall）在研究金属的导电机制时发现霍尔效应。当电流垂直于外磁场通过导体时，载流子发生偏转，垂直于电流和磁场的方向会产生一附加电场，从而在导体的两端产生电势差，这一现象就是霍尔效应，这个电势差也被称为霍尔电势差。

30 什么是居里温度

居里温度是指磁性材料中自发的磁化强度降到零时的温度，是铁磁性或亚铁磁性物质转变成顺磁性物质的临界点。当低于居里温度点时，该物质成为铁磁体，此时和材料有关的磁场很难改变；当温度高于居里温度点时，该物质成为顺磁体，磁体的磁场很容易随周围磁场的改变而改变。

31 什么是奈尔温度

奈尔温度是指反铁磁性材料转变为顺磁性材料所需要达到的温度。当达到奈尔温度时，晶体内部的原子能会大到足以破坏材料内部宏观磁性排列，从而发生相变，由反铁磁性转变为顺磁性。

32 什么是磁导率温度峰效应

磁导率温度峰效应是指强磁性材料的磁导率，因温度变化从强磁状态转变为弱磁性的顺磁状态；或者磁有序材料的磁导率因温度变化从磁有序状态而转变为磁无序的顺磁状态的转变温度（居里温度或者奈尔温度）附近，材料的磁导率会发生剧烈的变化，即磁导率随温度改变在居里温度或者奈尔温度附近出现极其显著的峰值。

33　什么是迈斯纳效应

迈斯纳效应是指超导体从一般状态相变至超导状态时，对磁场的排斥现象。超导体在超导临界温度以下处于超导状态时，在磁场作用下，表面会产生一个无损耗感应电流。这个电流产生的磁场恰恰与外加磁场大小相等、方向相反，使超导体内的磁通密度 B 等于零，即具有排斥磁通的效应。

参考文献

［1］路甬祥，李国栋，章综，等 . 我们生活在磁的世界里［M］. 北京：清华大学出版社，2000.

［2］张大昌，彭前程，张维善，等 . 普通高中课程标准实验教科书——物理［M］. 北京：人民教育出版社，2006.

［3］磁学馆［EB/OL］. http://www.kepu.net.cn/gb/basic/magnetism/.

［4］陈治，刘志刚，陈祖刚 . 大学物理（上）（高等院校物理教材）［M］. 北京：清华大学出版社，2007.

［5］赖武彦 . 自旋极化的电流——2007 年度诺贝尔物理学奖评述［J］. 物理，2007，36（12）：897–903.

［6］李海燕，张世红 . 黄铁矿加热过程中的矿相变化研究——基于磁化率随温度变化特征分析［J］. 地球物理学报，2005，48（6）：1384–1391.

［7］熊鹰 . 磁性纳米材料的合成及磁场诱导组装［D］. 合肥：中国科学技术大学，2007.

［8］刘胜利，吴高建，谭鸿锦，等 . 迈斯纳效应的发现为何推迟了 22 年［C］. 江苏省制冷学会学术年会 . 2004.

后 记

postscript

在实现中华民族伟大复兴的征程中，"提高全民的科学素养"与"提高全民的健康水平"同样重要！特别是在 2020 年年初我们共同经历了由新型冠状病毒引发的人类历史上的特大疫情之后，我们更加深刻地体会到，人类的健康至关重要，人类命运共同体的顺利构建需要科技与健康作为支撑。

2020 年 9 月 11 日，习近平总主席在科学家座谈会上指出："希望广大科学家和科技工作者肩负起历史责任，坚持面向世界科技前沿、面向经济主战场、面向国家重大需求、面向人民生命健康，不断向科学技术广度和深度进军。"此次会议首次提出了科技工作的第四个面向，即"面向人民生命健康"！

当《磁 生命 健康》与读者见面时，我们感到非常的欣慰与忐忑！欣慰的是，经过编写团队的共同努力，本书终于得以面世；忐忑的是，由于编者的知识水平和写作能力均有限，编写出的科普读物能否满足读者关于"磁与生命健康"知识的需求。

说到"磁与生命健康"的话题，似乎每个人都不陌生，一些读者也都有亲身感受。但是若要稍加认真地将"磁"与"生命健康"关联起来，提出几个问题，似乎并非每位读者都能清楚地予以回答。

为了普及"磁科技"和"磁科技与生命健康"相关的知识，2018

年夏，我们开始着手"磁科技与健康博物馆"建设的内容策划。我们团队通过查阅资料、会议研讨、专家咨询，编写了10多万字的"脚本"。2020年年初，"磁科技与健康博物馆"正式建成，成为国内外首个将"磁科技"与"生命健康"两个领域相结合的科学普及场所。成为国内外"磁科技"与"生命健康"领域的第一个科学普及场所。经过一段时间的开放，博物馆得到科技界同行专家的关注和好评；广大观众也从中获得了科普知识。专家和观众的肯定以及建议，鼓励我们着手编写一本"磁科技与生命健康"的科普读物，以便更系统、更广泛和更方便地传播与普及"磁科技与生命健康"的科技知识。

随后，我们团队经过七个月的努力，完成了本书的编写。我们真诚期望本书能够给读者带去一些新的知识，回答一些读者关心的问题，也就能够实现我们的初愿。

诚然，由于"磁科技与生命健康"这个主题所涉及的基础科学学科众多、技术与工程领域繁杂，以及发展历史漫长等；加之编写团队的思想水平、知识水平和写作能力有限，难免挂一漏万，出现错误和问题，敬请广大读者和专家学者不吝赐教，我们会认真学习并改正错误。

本书由商澎和方志财共同策划统稿，吕欢欢和方彦雯协助策划、统稿与协调；本书第一章由张格静编写、第二章由王烨编写、第三章由甄晨晓编写、第四章由张志浩编写、第五章由张彬编写、第六章由侯宏杰编写；插图由王婷绘制。

感谢中国科学院院士、南京大学都有为教授为本书作序。

感谢中国空间科学学会恒兰英和孙伟英对本书成书过程给予的帮助。

　　特别感谢中国科协"科创中国"项目——"磁科技与生命健康"科技专家服务团，将本书作为服务团的科普活动用书。

编者

2020 年 10 月